PLATS DE
VIANDE

육류 반찬

PORC À LA TOMATE ET AU FROMAGE
마르게리타풍 돼지고기

중간 크기 토마토 1/2개
▶ 잘게 썬다

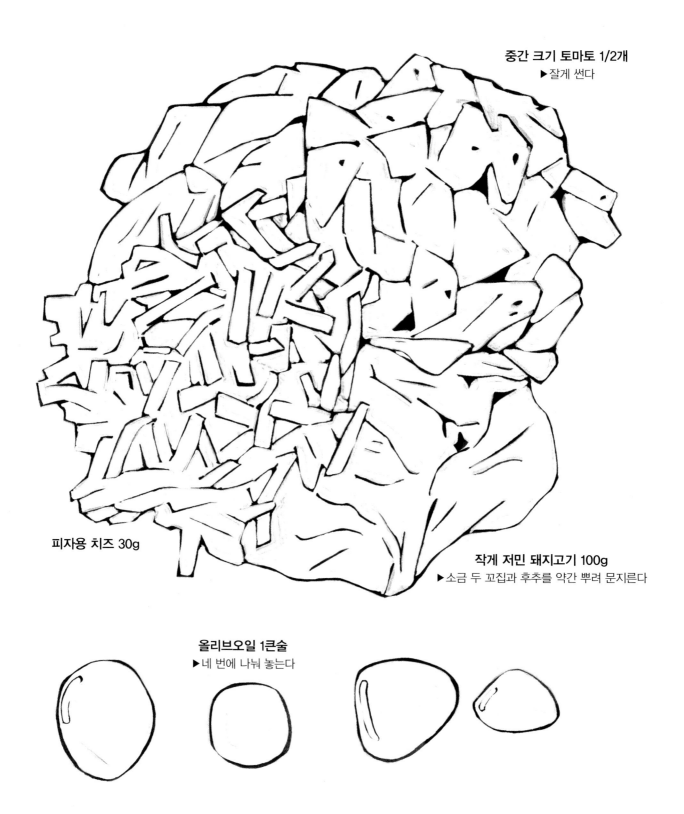

피자용 치즈 30g

작게 저민 돼지고기 100g
▶ 소금 두 꼬집과 후추를 약간 뿌려 문지른다

올리브오일 1큰술
▶ 네 번에 나눠 놓는다

피자를 떠올리게 하는 이탈리아풍 요리입니다.

재료 1인분

작게 저민 **돼지고기** 100g

중간 크기 **토마토** 1/2개

피자용 치즈 30g

올리브오일 1큰술

바질잎 1~2장

바질 이외의 재료를 그림처럼 오븐용 시트에 늘어놓고 싸서 가볍게 두세 번 흔든 후, 아래 안내대로 가열한다. 완성된 요리를 그릇에 담고 바질을 손으로 찢어 뿌린다.

• 오븐 대신 전자레인지에서 3분 정도 가열해 만들 수도 있다. 돼지고기는 완전히 익힌다.

오븐 210℃ 예열하기 **10분** **육류 반찬**

PORC À LA BASQUAISE
바스크풍 돼지고기

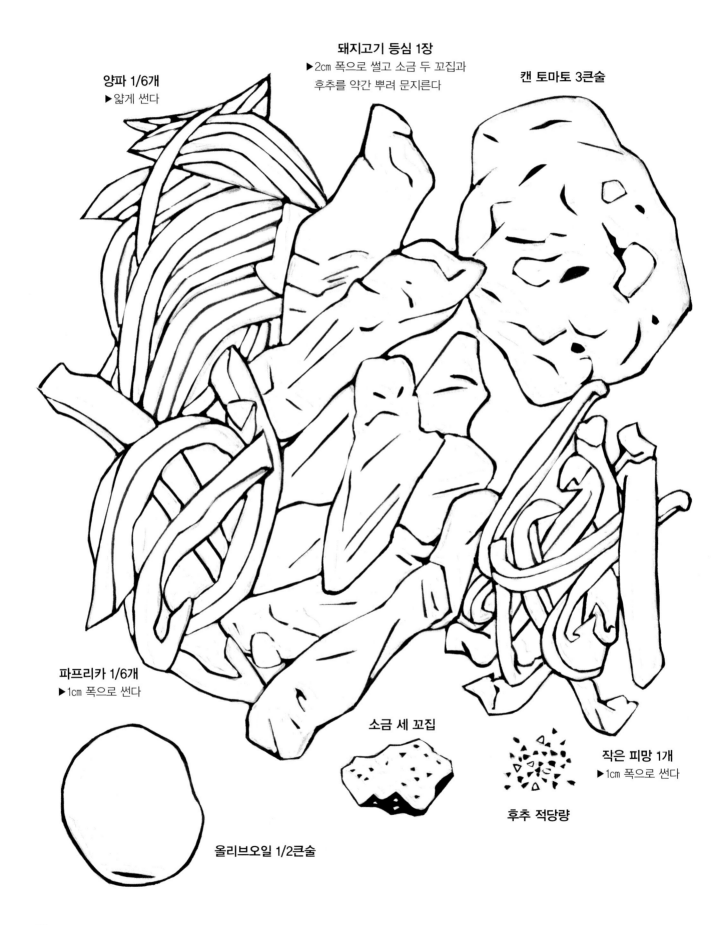

양파 1/6개
▶얇게 썬다

돼지고기 등심 1장
▶2cm 폭으로 썰고 소금 두 꼬집과
후추를 약간 뿌려 문지른다

캔 토마토 3큰술

파프리카 1/6개
▶1cm 폭으로 썬다

소금 세 꼬집

작은 피망 1개
▶1cm 폭으로 썬다

후추 적당량

올리브오일 1/2큰술

돼지고기 등심을 사용하면 식감이 부드러워져요.

재료 1인분
돼지고기 등심(스테이크용) 1장(100g)
파프리카 1/6개
작은 피망 1개
양파 1/6개
캔 토마토 3큰술
올리브오일 1/2큰술
소금 세 꼬집
후추 적당량

재료를 그림처럼 오븐용 시트에 늘어놓고 싸서 가볍게 두
세 번 흔든 후 아래 안내대로 가열한다.
• 얇게 썬 마늘이나 파프리카 파우더를 약간 넣으면 감칠맛이 더 난다.

 오븐 210℃ 예열하기 **15분**  **육류 반찬**

PORC AU GINGEMBRE
돼지고기 생강 양념구이

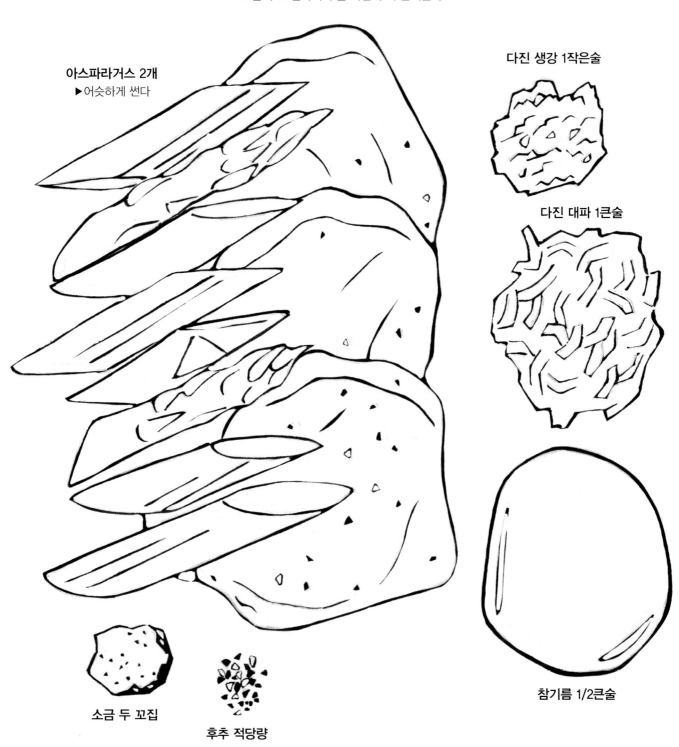

얇게 썬 돼지고기 등심 3장
▶ 소금 두 꼬집과 후추를 약간 뿌려 문지른다

다진 생강 1작은술

아스파라거스 2개
▶ 어슷하게 썬다

다진 대파 1큰술

소금 두 꼬집

후추 적당량

참기름 1/2큰술

양파나 버섯을 넣어도 맛있어요.

재료 1인분

얇게 썬 돼지고기 등심(생강구이용) 3장(100g)
아스파라거스 2개
다진 생강 1작은술
다진 대파 1큰술
참기름 1/2큰술
소금 두 꼬집
후추 적당량

재료를 그림처럼 오븐용 시트에 늘어놓고 싸서 가볍게 두 세 번 흔든 후, 아래 안내대로 가열한다.

• 큼직하게 썬 초생강을 적당량 뿌려 구우면 신맛이 더해져 맛있다.

 오븐 210℃ 예열하기 10분  육류 반찬

FARANDOLE D'HARICOTS À LA PROVENÇALE ET AU BACON
남프랑스풍 베이컨 콩 조림

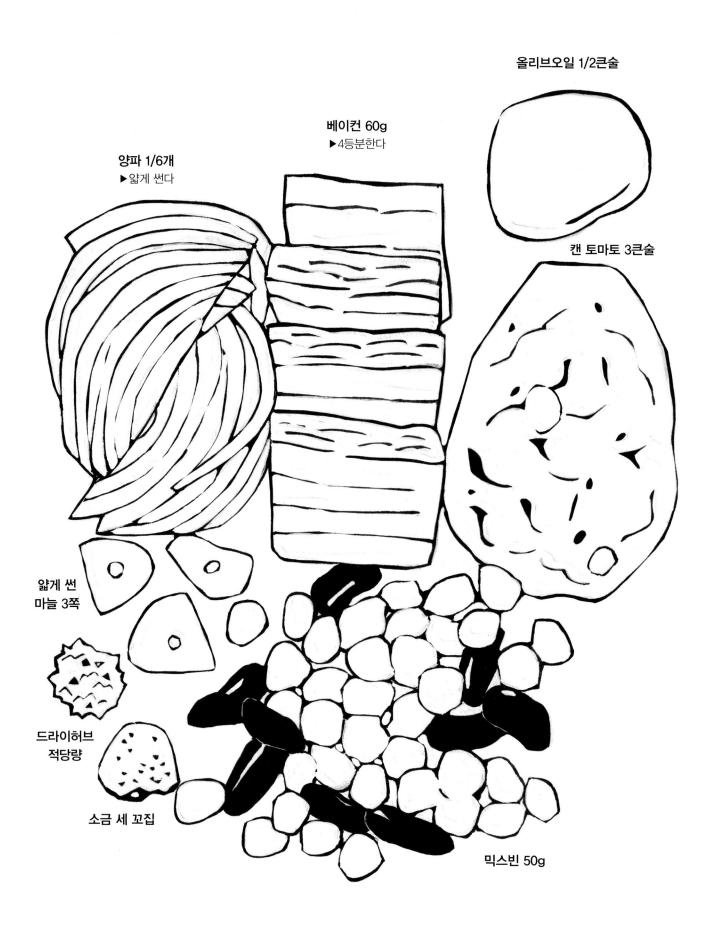

올리브오일 1/2큰술

베이컨 60g
▶4등분한다

양파 1/6개
▶얇게 썬다

캔 토마토 3큰술

얇게 썬
마늘 3쪽

드라이허브
적당량

소금 세 꼬집

믹스빈 50g

베이컨의 감칠맛이 콩에 스며들어 맛있어요!

재료 1인분

베이컨(블록) 60g

믹스빈 50g

양파 1/6개

캔 토마토 3큰술

얇게 썬 마늘 3쪽

올리브오일 1/2큰술

소금 세 꼬집

드라이허브(오레가노, 바질 등) 적당량

재료를 그림처럼 오븐용 시트에 늘어놓고 싸서 가볍게 두세 번 흔든 후, 아래 안내대로 가열한다.

• 베이컨 대신에 소시지를 넣어도 좋다.

• 드라이허브가 없으면 후추를 뿌려도 된다.

• 빵에 올려 먹으면 맛있다.

전자레인지 600W (내열 접시 사용) **4분** **육류 반찬**

BROCHETTE DE POULET, TOMATES ET AVOCAT
닭가슴살 아보카도 토마토구이

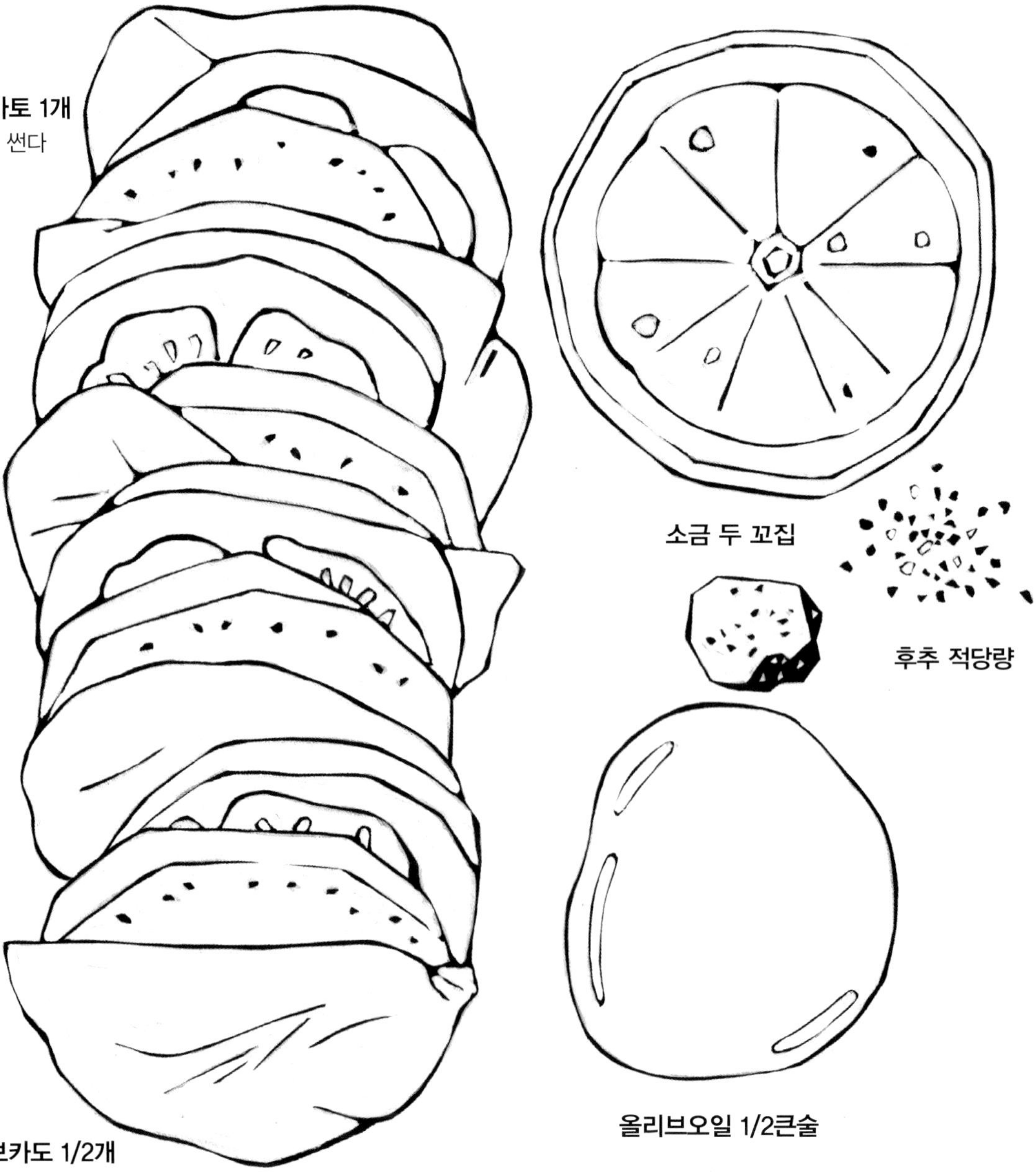

닭가슴살 100g
▶1㎝ 폭으로 포를 뜨고 소금 두 꼬집과
후추를 약간 뿌려 문지른다

둥글게 썬 레몬 1장

작은 크기 토마토 1개
▶1㎝ 폭으로 썬다

소금 두 꼬집

후추 적당량

작은 크기 아보카도 1/2개
▶1㎝ 폭으로 썬나

올리브오일 1/2큰술

토마토와 아보카도를 흩트려 닭고기와 함께 드세요.

재료 1인분

껍질 없는 닭가슴살 100g
작은 크기 아보카도 1/2개(60g)
작은 크기 토마토 1개(80g)
둥글게 썬 레몬 1장
올리브오일 1/2큰술
소금 두 꼬집
후추 적당량

재료를 그림처럼 오븐용 시트에 늘어놓고 싸서 가볍게 두
세 번 흔든 후, 아래 안내대로 가열한다.

• 둥글게 썬 레몬 대신에 레몬즙 1작은술을 뿌려도 된다.
• 오븐 대신 전자레인지에서 4분 정도 가열해 만들 수도 있다.
  닭고기는 완전히 익힌다.

 오븐 210℃ 예열하기 10분 육류 반찬

POULET AU MIEL ET À L'ORANGE
당근을 곁들인 오렌지 벌꿀 풍미 닭고기

닭다리살 1/2장
▶소금 세 꼬집과 후추를 약간
뿌려 문지른다

얇게 썬 당근 15㎝ 길이 8장
▶필러로 벗겨낸다

둥글게 썬 오렌지 2장
▶껍질은 벗겨낸다

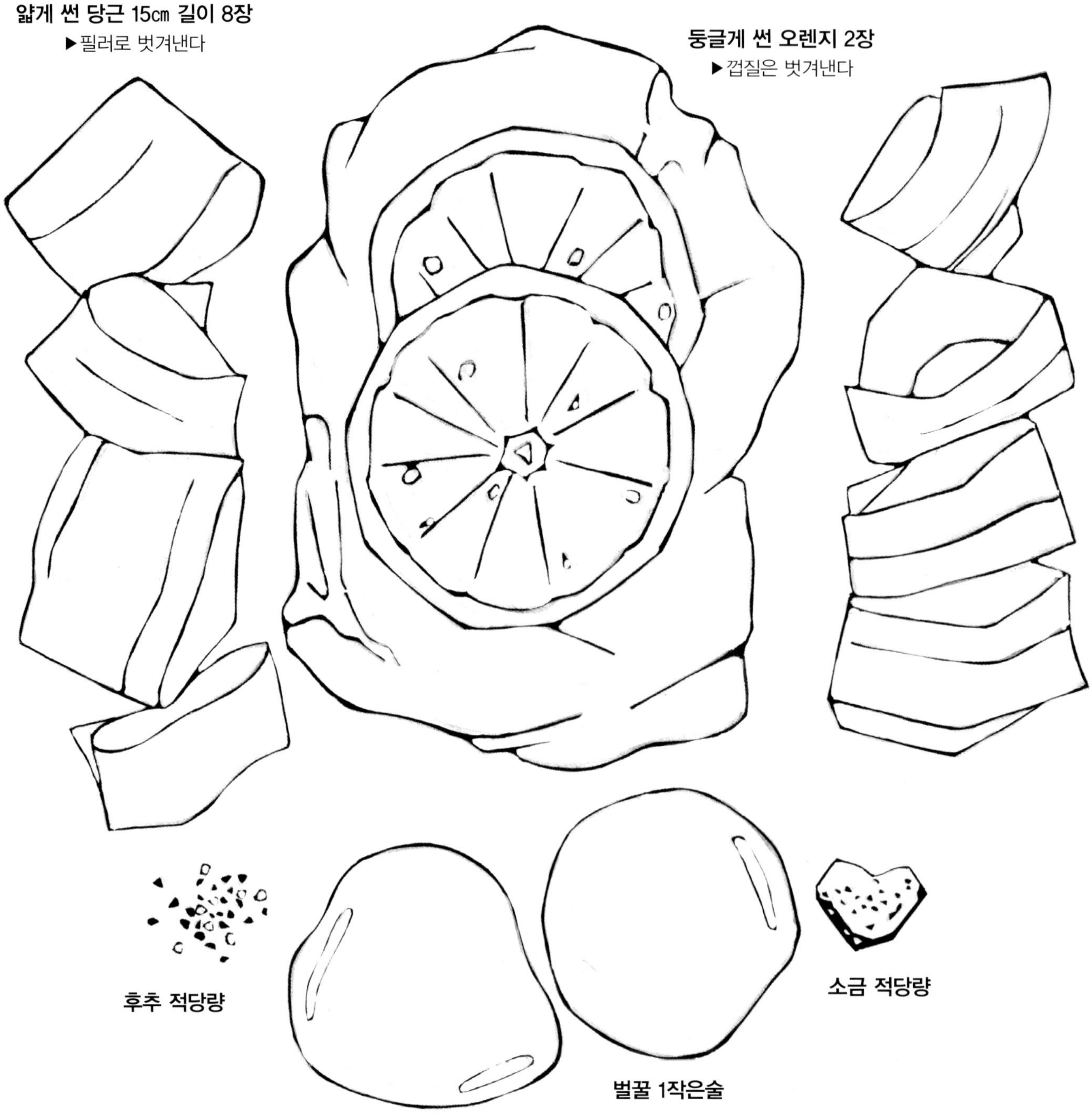

후추 적당량

소금 적당량

올리브오일 1작은술

벌꿀 1작은술

달콤한 향이 닭고기의 감칠맛을 돋웁니다.

재료 1인분

닭다리살 1/2장(150g)

둥글게 썬 오렌지 2장

얇게 썬 당근 15㎝ 길이 8장

올리브오일 1작은술

벌꿀 1작은술

소금, 후추 각각 적당량

재료를 그림처럼 오븐용 시트에 늘어놓고 싸서 가볍게 두 세 번 흔든 후, 아래 안내대로 가열한다. 그릇에 담고 이탈 리안 파슬리가 있으면 적당량(분량 외) 곁들인다.

• 벌꿀 대신 같은 양의 오렌지 마멀레이드를 넣어도 맛있다.
• 오렌지 대신 둥글게 썬 레몬 1장(또는 레몬즙 1작은술)을 넣어도
 된다. 단맛이 약해지고 더 상큼한 맛이 난다.
• 빵에 올려 먹으면 맛있다.

 **오븐 210℃ 예열하기** **15분** **육류 반찬**

재료 1인분

닭다리살 1/2장(150g)

POULET À LA CORÉENNE ET AU FROMAGE
치즈 닭갈비

양파 1/6개
▶ 얇게 썬다

닭다리살 1/2장
▶ 한입 크기로 작게 썬다

피자용 치즈 30g

고추장
1작은술

배추김치 60g
▶ 1cm 폭으로 썬다

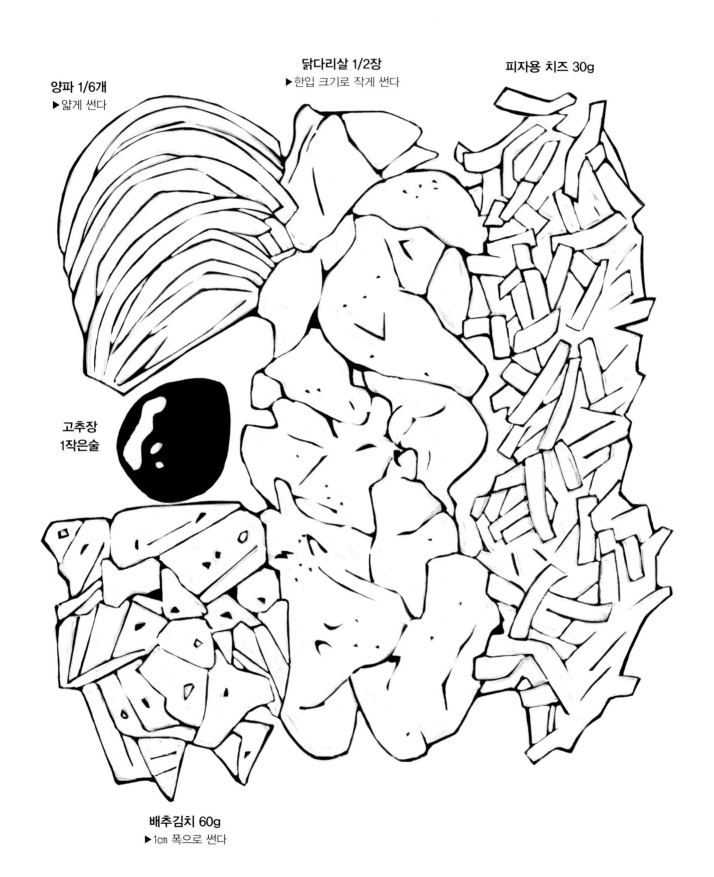

전자레인지에서 5분이면 인기 메뉴도 완성됩니다.

재료 1인분

닭다리살 1/2장(150g)

배추김치 60g

양파 1/6개

고추장 1작은술

피자용 치즈 30g

실파 1개

실파 이외의 재료를 그림처럼 오븐용 시트에 늘어놓고 싸서 가볍게 두세 번 흔든 후, 아래 안내대로 가열한다. 완성된 요리를 그릇에 담고 실파를 뿌린다.

- 원래 닭고기로 만드는 요리지만 돼지고기나 새우, 오징어 등을 넣어도 맛있다. 분량은 각각 150g 정도로 조절한다.

 **전자레인지 600W** (내열 접시 사용)   **5분**   **육류 반찬**

재료 1인분

닭다리살 1/2장(150g)

배추김치 60g

POULET TANDOORI
탄두리 치킨

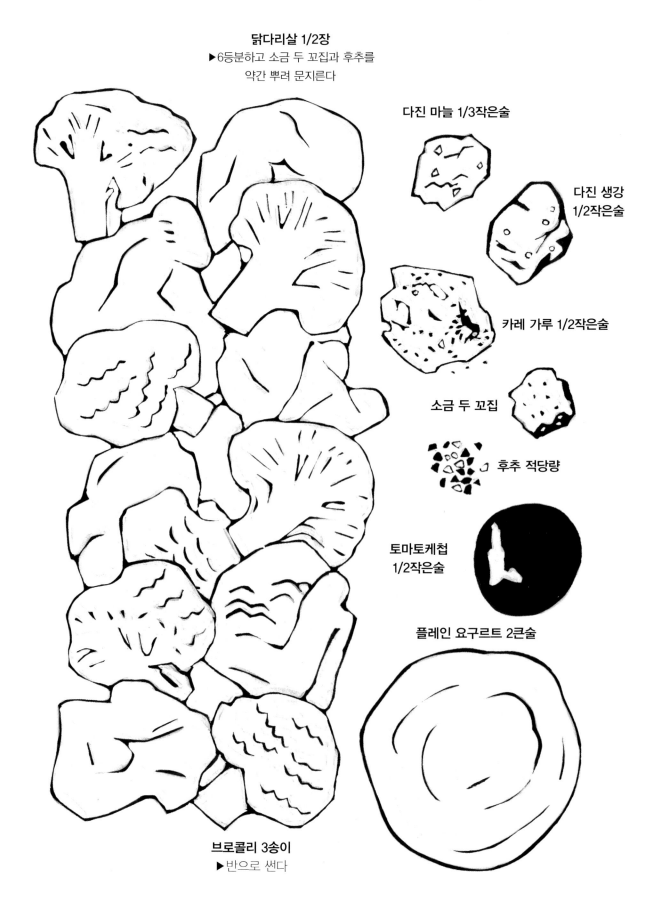

닭다리살 1/2장
▶6등분하고 소금 두 꼬집과 후추를
약간 뿌려 문지른다

다진 마늘 1/3작은술

다진 생강
1/2작은술

카레 가루 1/2작은술

소금 두 꼬집

후추 적당량

토마토케첩
1/2작은술

플레인 요구르트 2큰술

브로콜리 3송이
▶반으로 썬다

콜리플라워나 믹스빈을 넣어도 맛있어요.

재료 1인분

닭다리살 1/2장(150g)

브로콜리 3송이

A 카레 가루 1/2작은술

　다진 생강 1/2작은술

　다진 마늘 1/3작은술

　토마토케첩 1/2작은술

　플레인 요구르트(무가당) 2큰술

　소금 두 꼬집

　후추 적당량

재료를 그림처럼 오븐용 시트에 늘어놓고 A를 숟가락으로 섞은 다음, 싸서 가볍게 두세 번 흔든 후 아래 안내대로 가열한다.

• 오븐 대신 전자레인지에서 4분 정도 가열해 만들 수도 있다.
　닭고기는 완전히 익힌다.

 오븐 210℃ 예열하기　 15분　 육류 반찬

ÉMINCÉS DE POULET AU WASABI
마를 곁들인 와사비 닭가슴살

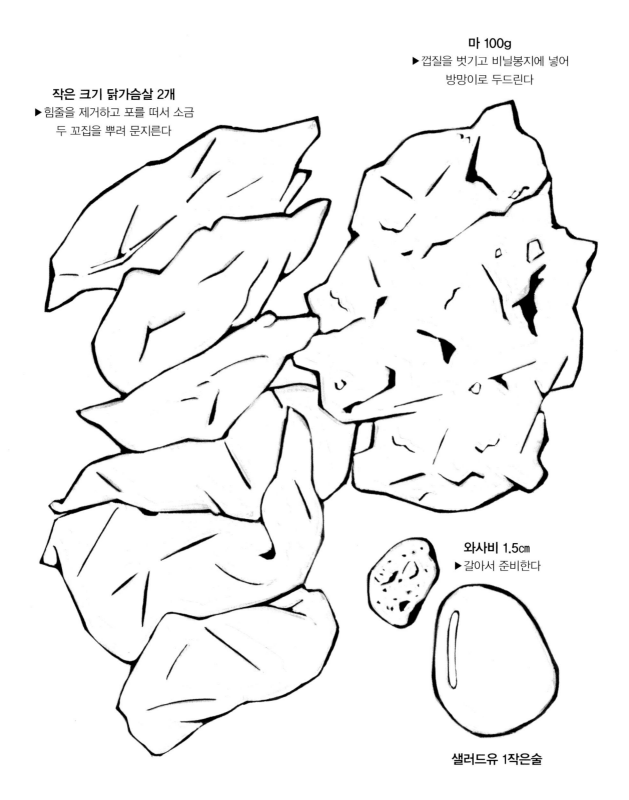

마 100g
▶ 껍질을 벗기고 비닐봉지에 넣어
   방망이로 두드린다

작은 크기 닭가슴살 2개
▶ 힘줄을 제거하고 포를 떠서 소금
   두 꼬집을 뿌려 문지른다

와사비 1.5cm
▶ 갈아서 준비한다

샐러드유 1작은술

와사비 대신 절인 매실 1개를 잘게 썰어
곁들이면 맛이 상큼해져요.

재료 1인분

작은 크기 연한 닭가슴살 2개(120g)

마 100g

와사비 1.5cm

샐러드유 1작은술

파드득나물 2개

간장 적당량

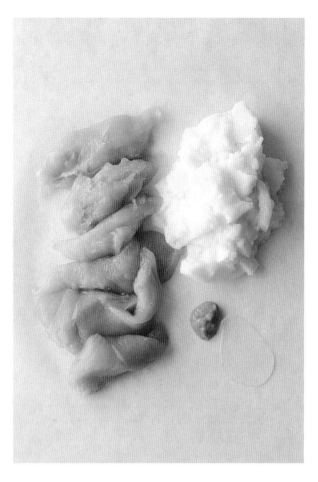

파드득나물과 간장 이외의 재료를 그림처럼 오븐용 시트
에 늘어놓고 싸서 가볍게 두세 번 흔든 후, 아래 안내대로
가열한다. 그릇에 담고 파드득나물을 얹어 간장을 뿌린다.

• 닭가슴살 대신 같은 양의 흰살생선을 넣어도 맛있다.
• 프라이팬에 물을 담고 그 위에 재료를 넣어 조리한다.
• 프라이팬 대신 전자레인지에서 4분 정도 가열해 만들 수도 있다.
  닭고기는 완전히 익힌다.

 **프라이팬** 강한 중불 **물 200㎖** **7분** 뚜껑을 덮고 **육류 반찬**

AILES DE POULET À LA MOUTARDE
머스터드 크림소스 닭봉

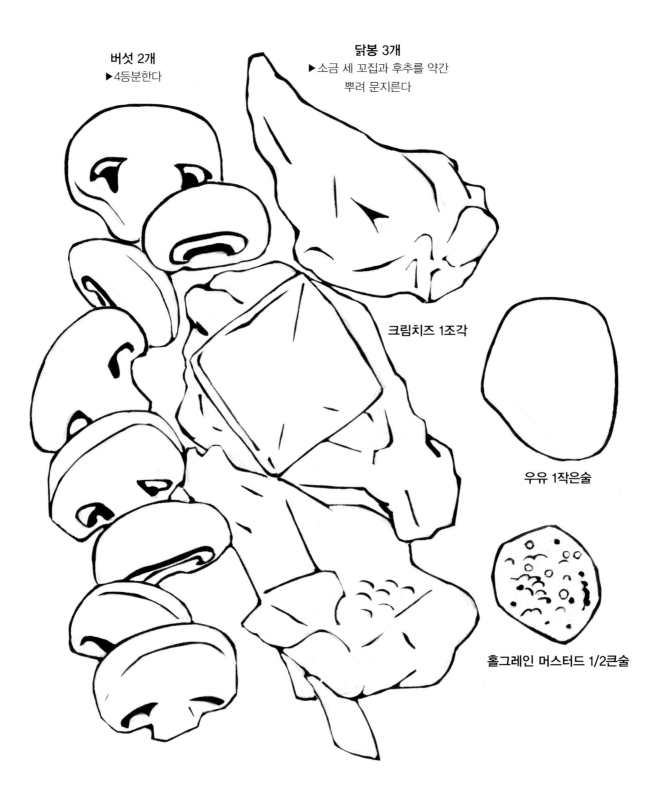

버섯 2개
▶4등분한다

닭봉 3개
▶소금 세 꼬집과 후추를 약간
뿌려 문지른다

크림치즈 1조각

우유 1작은술

홀그레인 머스터드 1/2큰술

홀그레인 머스터드로 깊은 맛을 완성해요.

재료 1인분

닭봉 3개(150g)
버섯 2개
홀그레인 머스터드 1/2큰술
우유 1작은술
크림치즈 1조각(18g)

재료를 그림처럼 오븐용 시트에 늘어놓고 싸서 가볍게 두 세 번 흔든 후, 아래 안내대로 가열한다.

• 구웠는데도 크림치즈가 녹지 않으면 숟가락으로 으깬다.
• 닭봉 대신 닭다리살 150g을 넣어도 맛있게 만들 수 있다. 한입 크기로 썰고 밑간은 똑같이 하면 된다.
• 버섯은 좋아하는 종류를 쓰면 된다.

🍴 전자레인지 600W (내열 접시 사용) ⏱ 5분 🍴 육류 반찬

AILES DE POULET AU VINAIGRE BALSAMIQUE
발사믹 풍미를 낸 닭날개 우엉

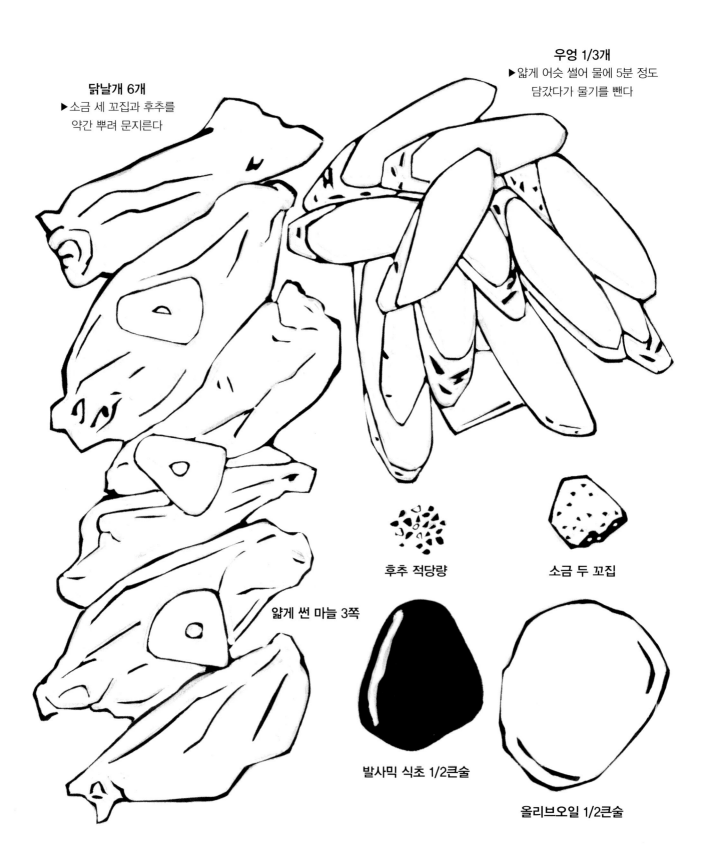

닭날개 6개
▶ 소금 세 꼬집과 후추를
약간 뿌려 문지른다

우엉 1/3개
▶ 얇게 어슷 썰어 물에 5분 정도
담갔다가 물기를 뺀다

후추 적당량

소금 두 꼬집

얇게 썬 마늘 3쪽

발사믹 식초 1/2큰술

올리브오일 1/2큰술

다 구운 후 발사믹 식초를 한 번 더 두르면
훨씬 맛있어요.

재료 1인분

닭날개 6개(200g)

우엉 1/3개

얇게 썬 마늘 3쪽

올리브오일 1/2큰술

발사믹 식초 1/2큰술

소금 두 꼬집

후추 적당량

재료를 그림처럼 오븐용 시트에 늘어놓고 싸서 가볍게 두
세 번 흔든 후, 아래 안내대로 가열한다.

• 닭날개 대신 닭다리살 150g을 넣어도 맛있게 만들 수 있다. 한입 크
기로 썰고 밑간은 똑같이 하면 된다.

• 마무리로 발사믹 식초를 한 번 더 뿌리면 맛있다.

 오븐 **210℃ 예열하기**   **15분**   **육류 반찬**

BŒUF À LA SAUCE D'HUÎTRE
굴소스 소고기구이

저민 소고기 100g
▶ 먹기 좋은 크기로 썰고 소금 두 꼬집과 후추를 약간
뿌려 문지른 후, 녹말가루 1작은술을 묻힌다

채 썬 생강 5쪽

참기름 1작은술

굴소스 1/2큰술

잎새버섯 50g
▶ 찢어둔다

부드러운 고기에 진한 소스가 더해져
밥이 계속 당기는 맛이 완성됩니다.

재료 1인분

저민 소고기 100g
잎새버섯 50g
채 썬 생강 5쪽
굴소스 1/2큰술
참기름 1작은술

재료를 그림처럼 오븐용 시트에 늘어놓고 싸서 가볍게
두세 번 흔든 후, 아래 안내대로 가열한다.

• 오븐 대신 전자레인지에서 3분 정도 가열해 만들 수도 있다.
• 버섯은 좋아하는 종류를 쓰면 된다.

 **오븐 210℃ 예열하기** **10분** **육류 반찬**

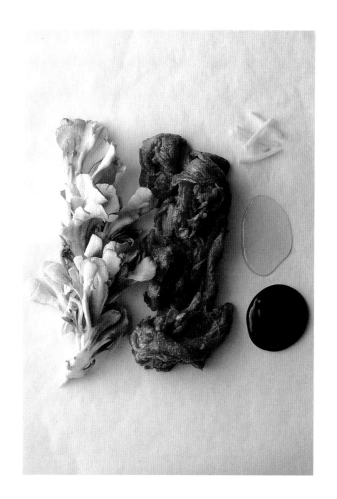

PLATS DE
POISSON

생선 반찬

ÉTUVÉE DE LÉGUMES AUX CREVETTES
새우 채소 에튀베

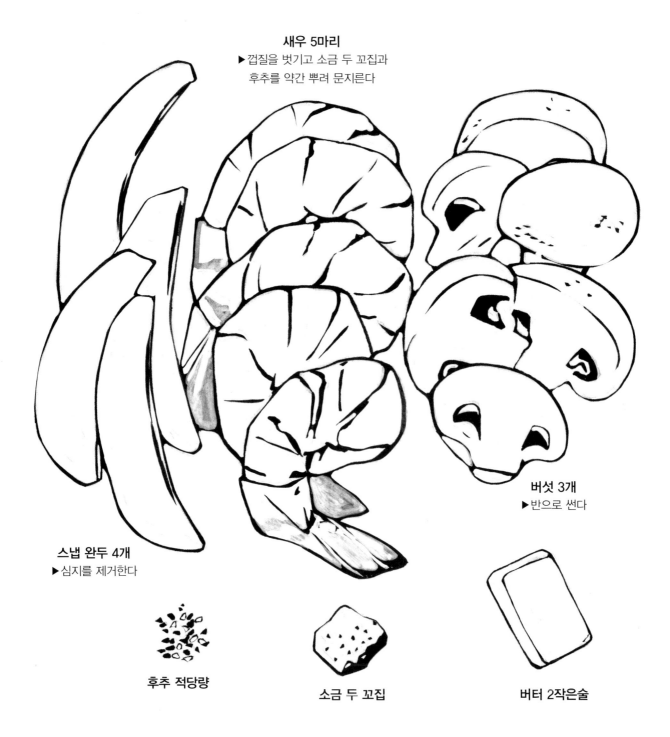

새우 5마리
▶ 껍질을 벗기고 소금 두 꼬집과
후추를 약간 뿌려 문지른다

버섯 3개
▶ 반으로 썬다

스냅 완두 4개
▶ 심지를 제거한다

후추 적당량

소금 두 꼬집

버터 2작은술

물을 넣지 않고 조리하여 맛이 진해요!

재료 1인분

새우 5마리(100g)

스냅 완두 4개

버섯 3개

버터 2작은술

소금 두 꼬집

후추 적당량

재료를 그림처럼 오븐용 시트에 늘어놓고 싸서 가볍게 두 세 번 흔든 후, 아래 안내대로 가열한다.

• '에튀베'는 재료가 가진 수분만으로 찌는 조리법이다. 재료의 감칠맛 이 꽉 차 있어 맛있다.

• 냉동 새우도 상관없다. 해동해서 사용하면 된다. 완두콩이나 죽순을 넣어도 맛있다.

• 프라이팬에 쪄내는 대신 전자레인지에서 3분 정도 가열해 만들 수 도 있다.

프라이팬 강한 중불   **물** 200㎖   **5분** 뚜껑을 덮고   **생선 반찬**

CREVETTES SAUCE PIQUANTE
토마토 칠리새우

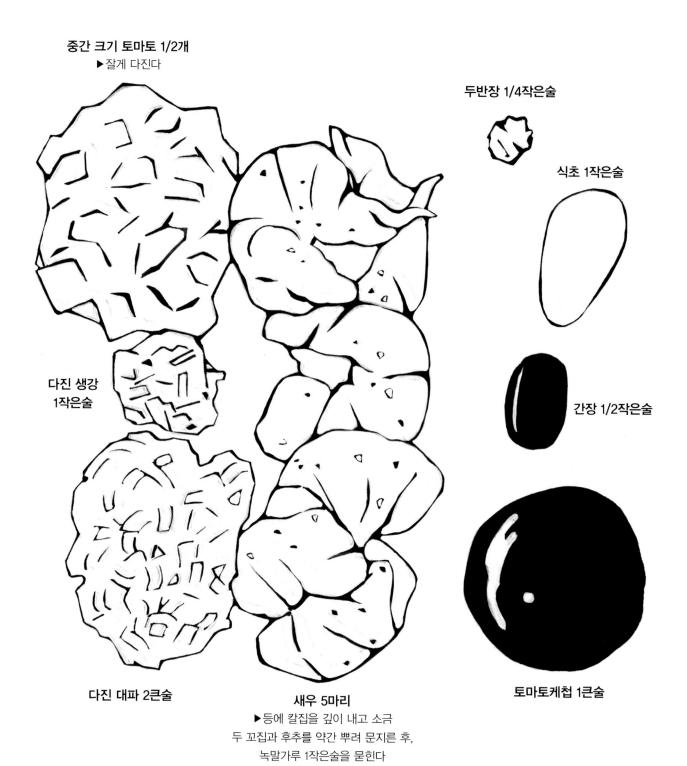

중간 크기 토마토 1/2개
▶ 잘게 다진다

두반장 1/4작은술

식초 1작은술

다진 생강
1작은술

간장 1/2작은술

다진 대파 2큰술

새우 5마리
▶등에 칼집을 깊이 내고 소금
두 꼬집과 후추를 약간 뿌려 문지른 후,
녹말가루 1작은술을 묻힌다

토마토케첩 1큰술

이 조리법이면 3분 만에 칠리새우 요리가 완성됩니다.

재료 1인분

새우 5마리(100g)

중간 크기 토마토 1/2개

다진 대파 2큰술

다진 생강 1작은술

A 토마토케첩 1큰술

　식초 1작은술

　간장 1/2작은술

　두반장 1/4작은술

재료를 그림처럼 오븐용 시트에 늘어놓고 A를 숟가락으로 섞은 다음, 싸서 가볍게 두세 번 흔든 후 아래 안내대로 가열한다.

• 새우 대신 한입 크기로 썬 닭다리살 150g을 넣어도 된다. 소금과 후추로 밑간한다.

전자레인지 600W (내열 접시 사용)　⏱ 3분　🍴 생선 반찬

SAUMON AU FROMAGE CRÉMEUX
크림치즈 연어구이

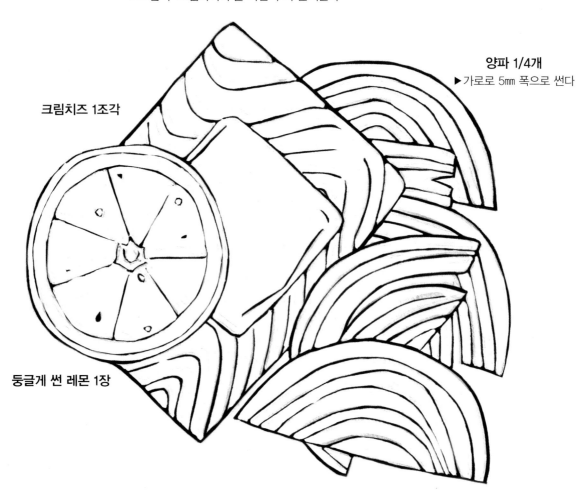

생연어 1조각
▶ 소금 두 꼬집과 후추를 약간 뿌려 문지른다

양파 1/4개
▶ 가로로 5mm 폭으로 썬다

크림치즈 1조각

둥글게 썬 레몬 1장

소금 한 꼬집

후추 적당량

치즈와 잘 어울리는 아스파라거스나
브로콜리를 곁들여도 좋아요.

재료 1인분

생연어 1조각

크림치즈 1조각(18g)

양파 1/4개

둥글게 썬 레몬 1장

소금 한 꼬집

후추 적당량

재료를 그림처럼 오븐용 시트에 늘어놓고 싸서 가볍게 두
세 번 흔든 후, 아래 안내대로 가열한다. 그릇에 담고 *처
빌이 있으면 약간(분량 외) 곁들인다.

• 연어는 횟감용을 썰어둔 것이나 토막도 상관없다. 염장 연어를 사용
  할 경우 밑간용 소금은 필요 없다.

• 오븐 대신 전자레인지에서 3분 정도 가열해 만들 수도 있다.

* 처빌: 파슬리와 비슷한 허브의 일종

 오븐 210℃ 예열하기　10분　생선 반찬

재료 1인분

생연어 1조각

SAUMON AU CITRON ET À L'AVOCAT
레몬 풍미를 낸 연어 아보카도

생연어 1조각
▶소금 두 꼬집과 후추를 약간
뿌려 문지른다

작은 크기 아보카도 1/2개
▶1㎝ 폭으로 썬다

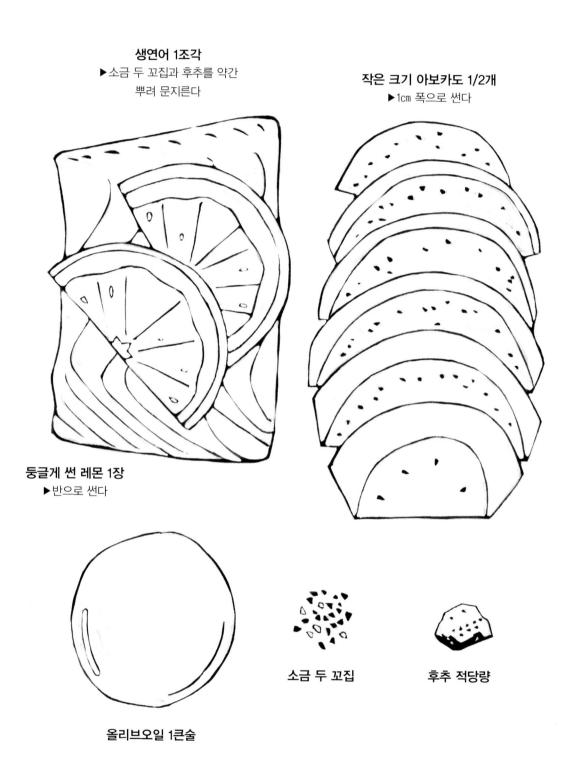

둥글게 썬 레몬 1장
▶반으로 썬다

올리브오일 1큰술

소금 두 꼬집

후추 적당량

짭조름한 연어에는 레몬을 곁들여
상큼하게 마무리해요.

재료 1인분

생연어 1조각

작은 크기 아보카도 1/2개

둥글게 썬 레몬 1장

올리브오일 1큰술

소금 두 꼬집

후추 적당량

재료를 그림처럼 오븐용 시트에 늘어놓고 싸서 가볍게 두
세 번 흔든 후, 아래 안내대로 가열한다.

• 연어는 횟감용을 썰어둔 것이나 토막도 상관없다. 염장 연어를 사용
  할 경우 밑간용 소금은 필요 없다.

• 레몬 대신 레몬즙 1작은술을 뿌려도 된다.

• 오븐 대신 전자레인지에서 3분 정도 가열해 만들 수도 있다.

 오븐 210℃ 예열하기 10분 생선 반찬

재료 1인분

생연어 1조각

작은 크기 아보카도 1/2개

CHINCHARD À LA MOUTARDE
홀그레인 머스터드 전갱이구이

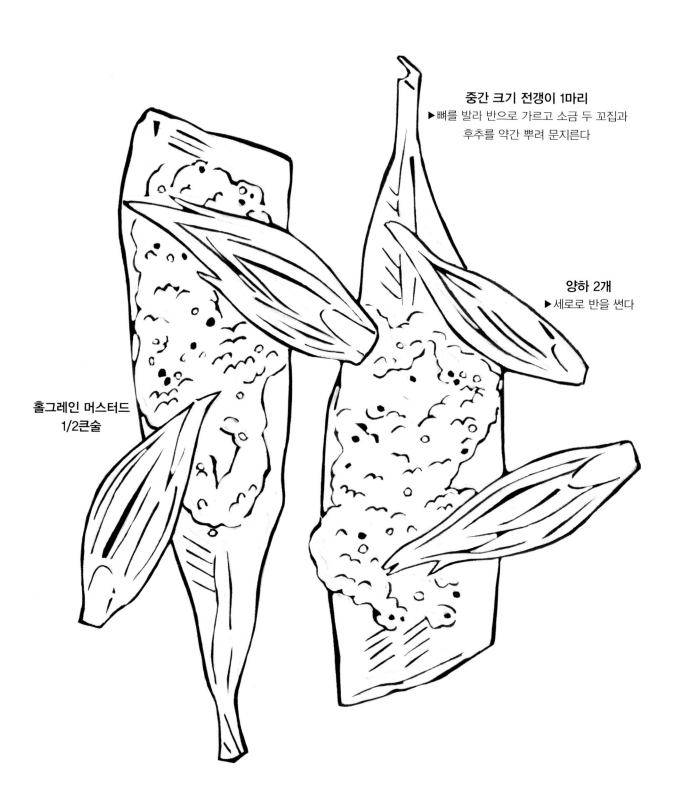

중간 크기 전갱이 1마리
▶ 뼈를 발라 반으로 가르고 소금 두 꼬집과
후추를 약간 뿌려 문지른다

양하 2개
▶ 세로로 반을 썬다

홀그레인 머스터드
1/2큰술

삼치나 방어 등 좋아하는 흰살생선으로 만들어 보세요.

재료 1인분
중간 크기 전갱이 1마리
홀그레인 머스터드 1/2큰술
*****양하** 2개
차조기잎 적당량

차조기잎 이외의 재료를 그림처럼 오븐용 시트에 늘어놓
고 싸서 가볍게 두세 번 흔든 후, 아래 안내대로 가열한다.
그릇에 담고 차조기잎을 손으로 찢어 뿌린다.

• 취향대로 마지막에 간장을 약간 뿌려도 된다.
• 얇게 썬 돼지고기 등심(생강구이용) 100g을 넣어서 만들 수도 있다.
• 전갱이를 가르기 어려우면 가게에 부탁하면 된다.
＊양하: 생강과 셀러리를 섞어 놓은 것 같은 향과 식감을 가진 채소

 오븐 210℃ 예열하기 10분 생선 반찬

재료 1인분
중간 크기 전갱이 1마리
홀그레인 머스터드 1/2큰술

SARDINES GRILLÉES À LA PORTUGAISE
포르투갈풍 정어리

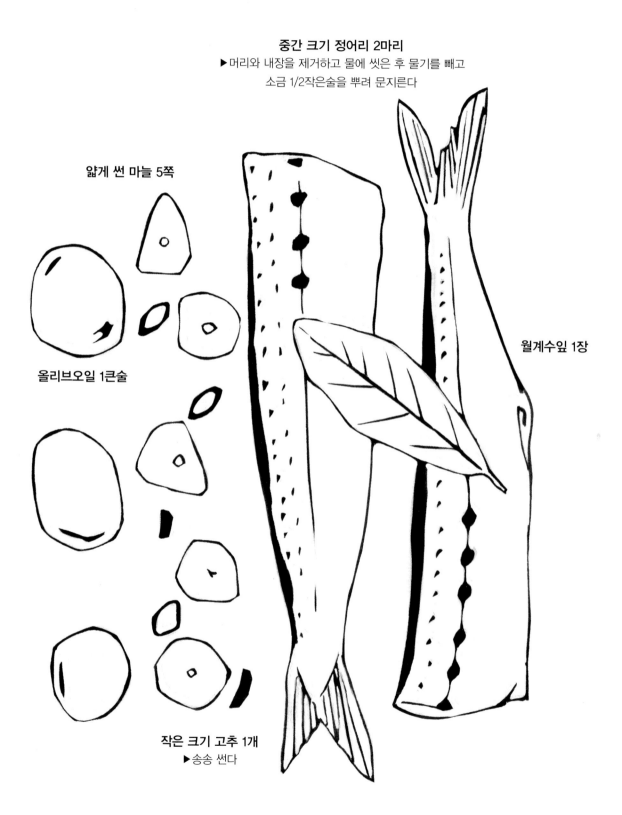

중간 크기 정어리 2마리
▶ 머리와 내장을 제거하고 물에 씻은 후 물기를 빼고
소금 1/2작은술을 뿌려 문지른다

얇게 썬 마늘 5쪽

월계수잎 1장

올리브오일 1큰술

작은 크기 고추 1개
▶ 송송 썬다

기름진 정어리를 오일과 레몬으로
담백하게 마무리합니다.

재료 1인분

중간 크기 정어리 2마리
얇게 썬 마늘 5쪽
작은 크기 고추 1개
월계수잎 1장
올리브오일 1큰술
빗살 모양으로 썬 레몬 1조각

레몬 이외의 재료를 그림처럼 오븐용 시트에 늘어놓고 싸서 가볍게 두세 번 흔든 후, 아래 안내대로 가열한다. 완성된 요리를 그릇에 담고 레몬을 뿌린다.

• 허브를 함께 넣고 구우면 향긋해진다. 로즈메리는 3cm, 타임은 2줄기 정도가 적당하다.

 오븐 210℃ 예열하기   10분   생선 반찬

CABILLAUD AU BEURRE ET TARAMA
명란젓 버터를 곁들인 대구

작은 크기 감자 1개
▶ 최대한 가늘게 채 썬다

생대구 1조각
▶ 소금 두 꼬집과 후추를 약간
  뿌려 문지른다

후추 적당량

버터 10g

명란(풀어둔 것) 1/2큰술

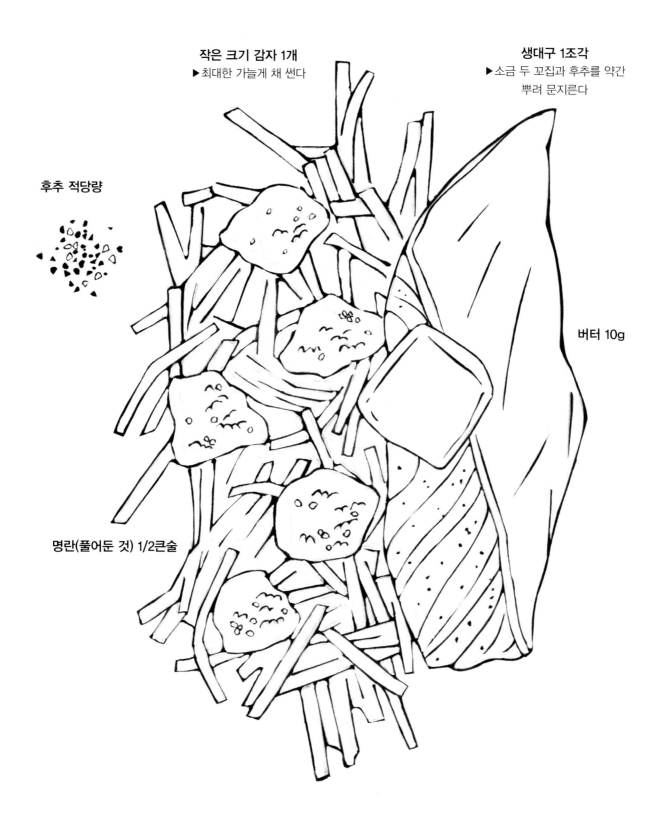

잘 익도록 감자는 되도록 가늘게 채 써는
것이 중요합니다.

재료 1인분

생대구 1조각

작은 크기 감자 1개

명란(풀어둔 것) 1/2큰술

버터 10g

후추 적당량

재료를 그림처럼 오븐용 시트에 늘어놓고 싸서 가볍게 두
세 번 흔든 후, 아래 안내대로 가열한다.

• 감자는 슬라이서를 사용하여 채 썰면 편하다.

• 프라이팬 대신 전자레인지에서 4분 정도 가열해 만들 수도 있다.

프라이팬 강한 중불   **물 200㎖**   **8분** 뚜껑을 덮고   **생선 반찬**

재료 1인분

생대구 1조각

작은 크기 감자 1개

명란(풀어둔 것) 1/2큰술

GALETTE DE DAURADE ET LÉGUMES
도미 채소 갈레트

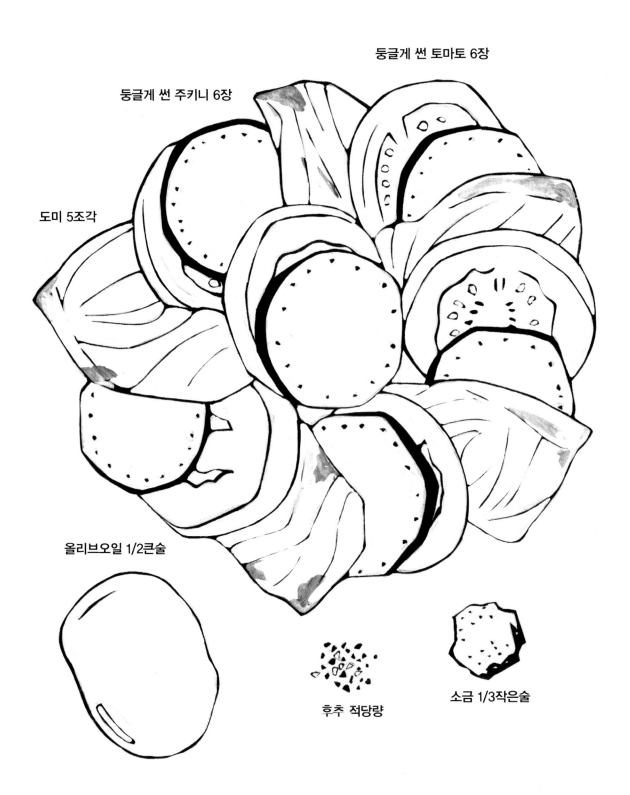

둥글게 썬 토마토 6장

둥글게 썬 주키니 6장

도미 5조각

올리브오일 1/2큰술

후추 적당량

소금 1/3작은술

프랑스에서는 둥글게 구운 것을 '갈레트'라고 합니다.

재료 1인분

도미(횟감용) 5조각
둥글게 썬 주키니(7mm 두께) 6장
둥글게 썬 토마토(7mm 두께) 6장
소금 1/3작은술
후추 적당량
올리브오일 1/2큰술

재료를 그림처럼 오븐용 시트에 늘어놓고 싸서 가볍게
두세 번 흔든 후, 아래 안내대로 가열한다.

• 도미 대신 포를 뜬 연한 닭가슴살 50g을 넣어도 맛있다.

 오븐 210℃ 예열하기   10분   생선 반찬

CALAMARS AU POIVRE DU JAPON
향신료를 넣은 오징어구이

작은 크기 오징어 1마리
▶ 껍질을 벗겨 둥글게 썰고 소금
  두 꼬집을 뿌려 문지른다

셀러리 1/2개
▶ 심지를 제거하고 어슷 썬다

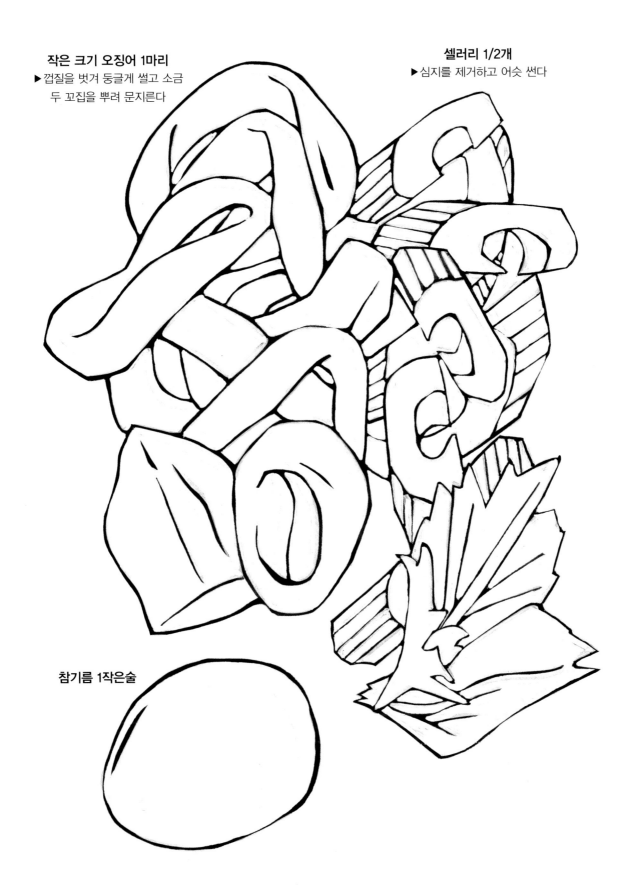

참기름 1작은술

고추 1개를 송송 썰어 넣으면 맛이 알싸해집니다.

재료 1인분
작은 크기 오징어(몸통) 1마리
셀러리 1/2개
참기름 1작은술
산초가루 적당량

산초가루 이외의 재료를 그림처럼 오븐용 시트에 늘어놓고 싸서 가볍게 두세 번 흔든 후, 아래 안내대로 가열한다. 완성된 요리를 그릇에 담고 산초가루를 뿌린다.

• 오븐 대신 물 200㎖를 넣은 프라이팬에서 8분 정도 쪄서 만들 수도 있다. 뚜껑을 덮고 중불에서 익힌다.

 오븐 210℃ 예열하기 10분 생선 반찬

재료 1인분
작은 크기 오징어(몸통) 1마리
셀러리 1/2개
참기름 1작은술
산초가루 적당량

CALAMARS FARCIS AU RIZ
서양식 오징어 밥

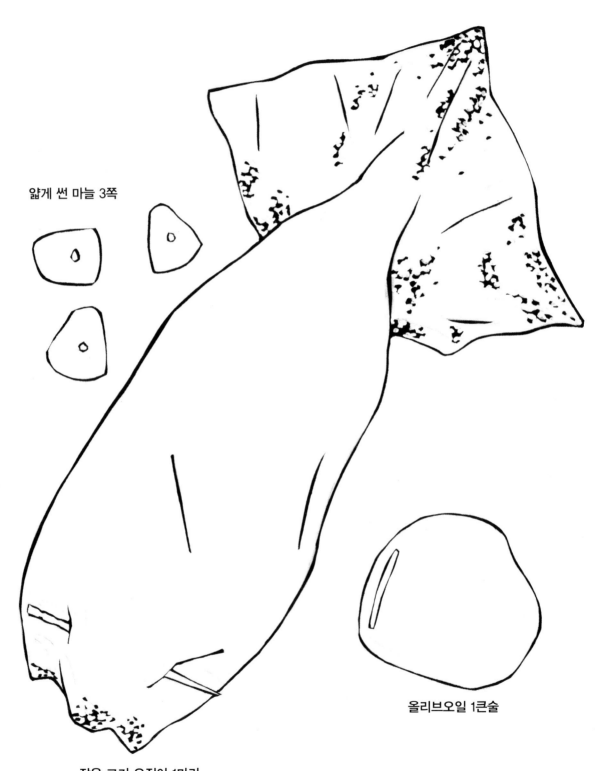

얇게 썬 마늘 3쪽

올리브오일 1큰술

작은 크기 오징어 1마리
▶ 껍질을 벗기고 A를 섞어 안에 채운 후
이쑤시개로 끝을 오므린다

속을 채운다는 뜻의 '파르시'는
프랑스에서 익숙한 조리법이에요.

재료 1인분

작은 크기 오징어(몸통) 1마리

A 따뜻한 밥 60g

   송송 썬 실파 1큰술

   녹말가루 1/3작은술

   소금 두 꼬집

   후추 적당량

얇게 썬 마늘 3쪽

올리브오일 1큰술

재료를 그림처럼 오븐용 시트에 늘어놓고 싸서 가볍게 두
세 번 흔든 후, 아래 안내대로 가열한다.

• A의 실파 대신 이탈리안 파슬리 등 허브 다진 것 1/2큰술 정도를 넣
  어도 맛있다.

• 먹기 좋게 자른 토마토 1개를 주위에 곁들여 함께 구워도 좋다.

프라이팬 강한 중불 물 200㎖ 7분 뚜껑을 덮고 생선 반찬

PALOURDES À LA VAPEUR FAÇON CHINOISE
중화 바지락 미역 찜

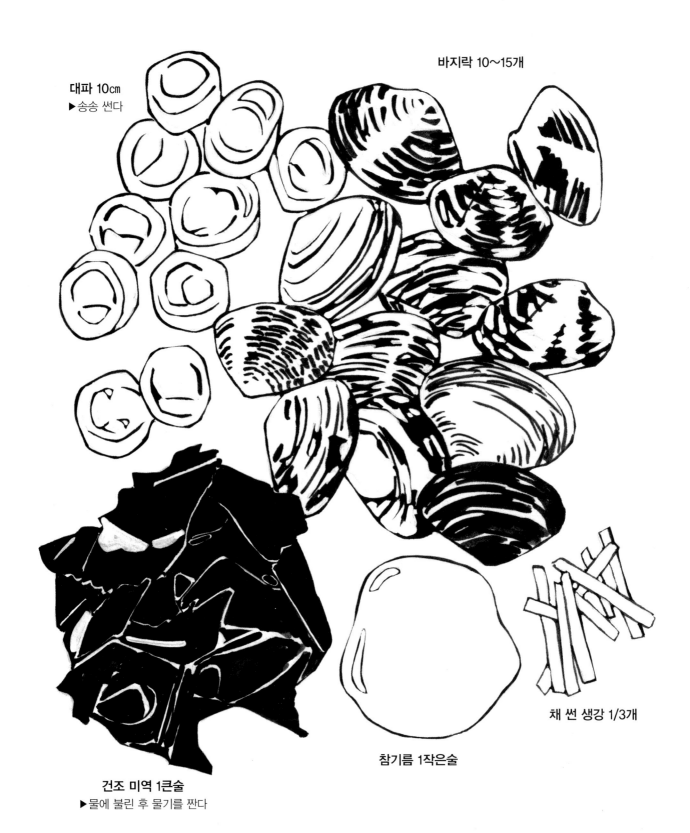

대파 10cm
▶ 송송 썬다

바지락 10~15개

채 썬 생강 1/3개

참기름 1작은술

건조 미역 1큰술
▶ 물에 불린 후 물기를 짠다

시트를 여는 순간 향긋한 간장 향이 풍깁니다.

재료 1인분

바지락(해감한 것) 10～15개

건조 미역 1큰술

대파 10cm

채 썬 생강 1/3개

참기름 1작은술

재료를 그림처럼 오븐용 시트에 늘어놓고 싸서 가볍게 두 세 번 흔든 후, 아래 안내대로 가열한다.

• 바지락은 물속에서 잘 문질러 씻는다.

• 조개 입이 열리면 익었다는 증거이다.

• 미역 대신 찢은 양상추나 양배추를 넣어도 맛있다.

전자레인지 600W (내열 접시 사용)   **3분**   **생선 반찬**

재료 1인분

바지락(해감한 것) 10～15개

건조 미역 1큰술

HUÎTRES CHAUDES À LA SAUCE D'HUÎTRE
굴소스 굴구이

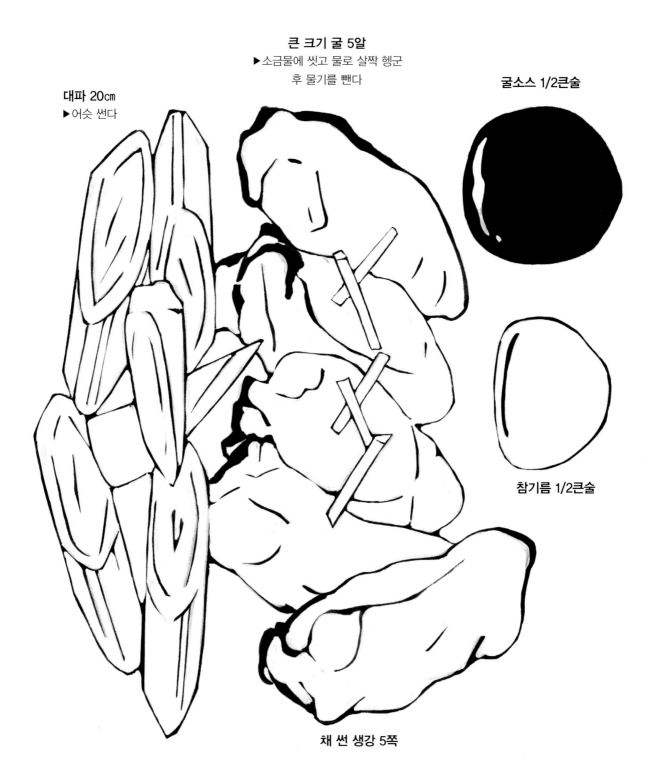

큰 크기 굴 5알
▶ 소금물에 씻고 물로 살짝 헹군
후 물기를 뺀다

굴소스 1/2큰술

대파 20㎝
▶ 어슷 썬다

참기름 1/2큰술

채 썬 생강 5쪽

굴의 감칠맛을 배로 늘려 진한 맛으로 만들어요.

재료 1인분

큰 크기 굴 5알
대파 20cm
채 썬 생강 5쪽
굴소스 1/2큰술
참기름 1/2큰술

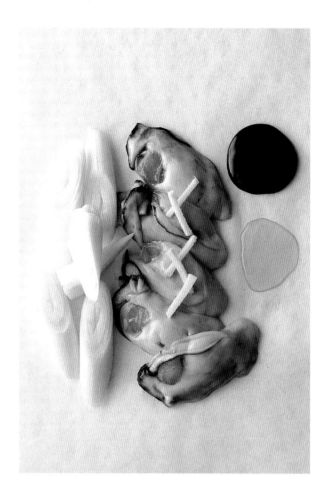

재료를 그림처럼 오븐용 시트에 늘어놓고 싸서 가볍게 두 세 번 흔든 후, 아래 안내대로 가열한다.

• 굴은 알이 작으면 가열했을 때 수축되어 딱딱해지기 때문에 큼직한 것을 고른다. 굴은 완전히 익힌다.
• 오븐 대신 전자레인지에서 4분 정도 가열해 만들 수도 있다.

오븐 210℃ 예열하기　　8분　　생선 반찬

PLATS DE
LEGUMES

채소반찬

TOMATES CERISES À L'AIL CUITES AU FOUR
오일과 허브를 넣은 방울토마토구이

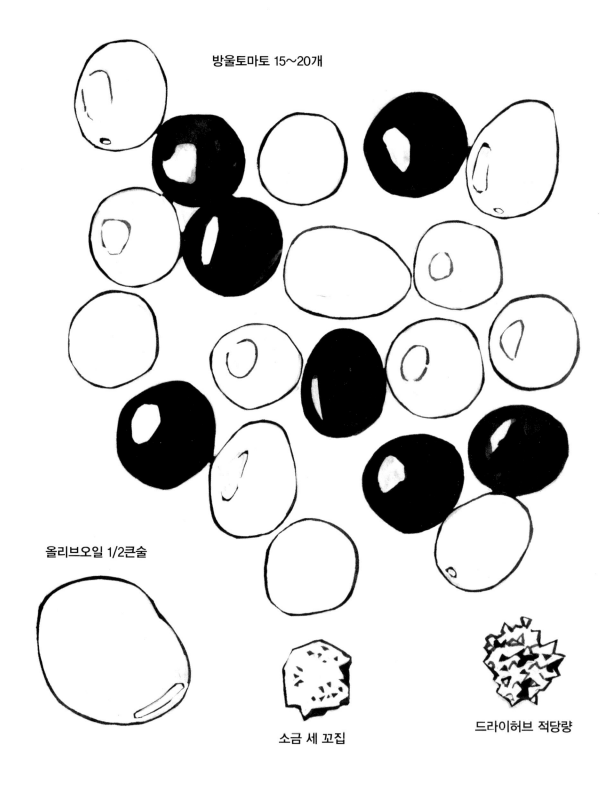

방울토마토 15～20개

올리브오일 1/2큰술

소금 세 꼬집

드라이허브 적당량

토마토색이 두 가지 이상이면 정말 예뻐요!

재료 1인분

방울토마토 15~20개
올리브오일 1/2큰술
소금 세 꼬집
드라이허브(오레가노, 바질 등) 적당량

재료를 그림처럼 오븐용 시트에 늘어놓고 싸서 가볍게 두세 번 흔든 후, 아래 안내대로 가열한다.

• 일반 토마토로 만들 경우 반으로 썰고, 잘린 단면을 위쪽으로 하여 늘어놓는다.

 오븐 210℃ 예열하기 **8분**  **채소 반찬**

FONDUE DE CAMEMBERT AUX POMMES DE TERRE
감자 카망베르 퐁뒤

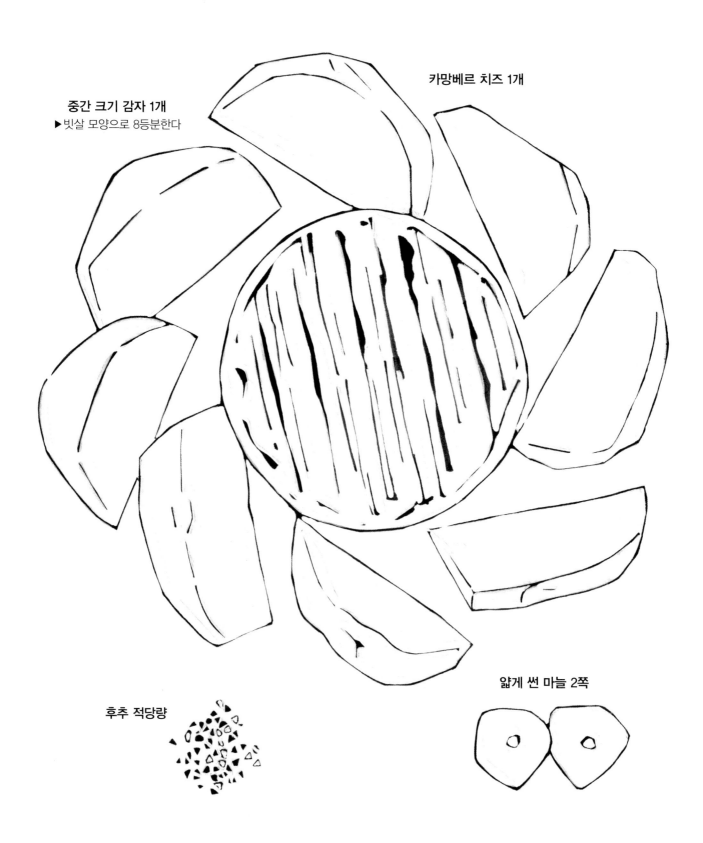

카망베르 치즈 1개

중간 크기 감자 1개
▶ 빗살 모양으로 8등분한다

후추 적당량

얇게 썬 마늘 2쪽

카망베르를 통째로 전자레인지에 돌리면
그대로 퐁뒤 냄비가 됩니다.

재료 1인분

중간 크기 감자 1개

카망베르 치즈 1개

얇게 썬 마늘 2쪽

후추 적당량

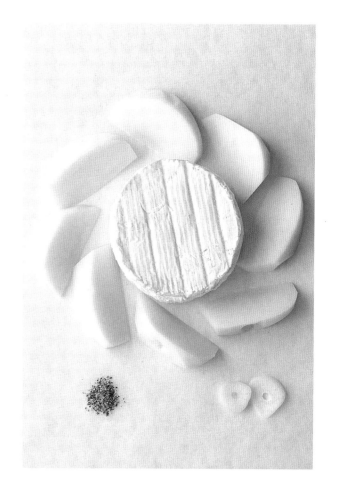

재료를 그림처럼 오븐용 시트에 늘어놓고 싸서 가볍게 두
세 번 흔든 후, 아래 안내대로 가열한다. 감자를 치즈에 찍
어 먹는다.

• 감자가 가장 맛있지만 호박, 당근, 브로콜리도 잘 어울린다. 각각 잘
  익도록 썰어 늘어놓는다.

 **전자레인지 600W**
(내열 접시 사용) **4분** **채소 반찬**

BROCOLIS ET ŒUF À LA VAPEUR
브로콜리 달걀 버터 찜

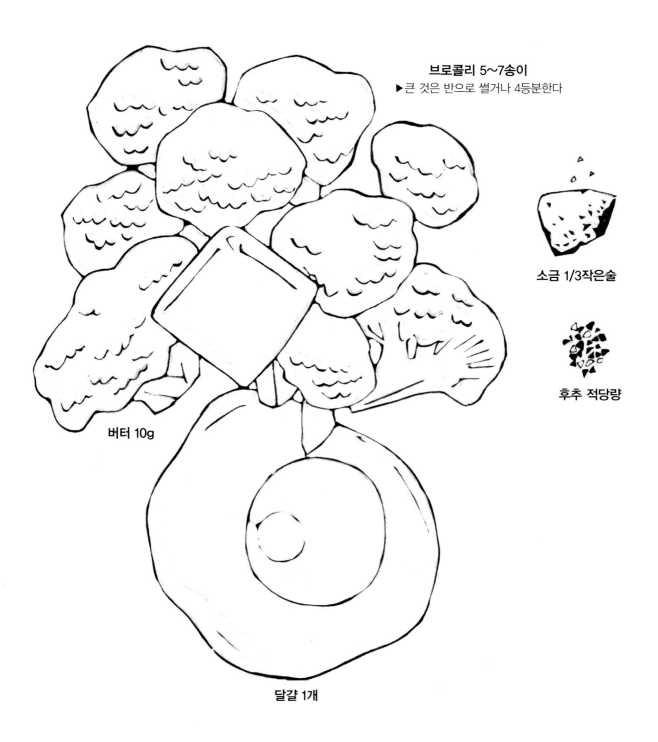

브로콜리 5~7송이
▶ 큰 것은 반으로 썰거나 4등분한다

소금 1/3작은술

후추 적당량

버터 10g

달걀 1개

달걀은 깨서 그대로 올리기만 하면 됩니다.

재료 1인분

브로콜리 5~7송이

버터 10g

달걀 1개

소금 1/3작은술

후추 적당량

재료를 그림처럼 오븐용 시트에 늘어놓고 싸서 가볍게 두 세 번 흔든 후, 아래 안내대로 가열한다.

• 베이컨을 얇게 썰어 같이 구우면 이것만으로도 근사한 아침식사가 된다. 마무리로 치즈가루를 뿌려도 맛있다.

• 달걀을 더 부드럽게 만들려면 브로콜리를 작게 썰어 가열 시간을 줄 이면 된다.

프라이팬 강한 중불   **물** 200㎖   **3분** 뚜껑을 덮고   **채소 반찬**

POIREAUX BRAISÉS À L'HUILE D'OLIVE ET AU CITRON
대파 레몬 오일 찜

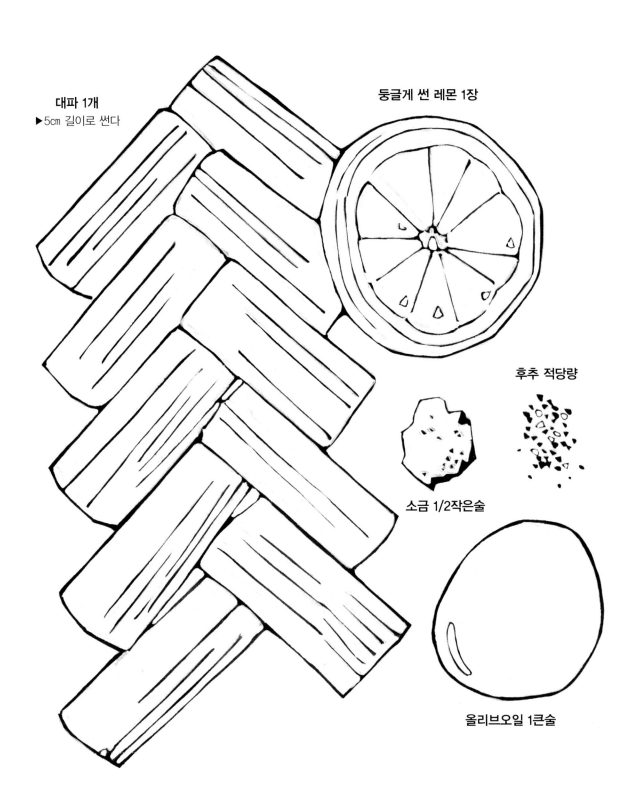

대파 1개
▶5㎝ 길이로 썬다

둥글게 썬 레몬 1장

후추 적당량

소금 1/2작은술

올리브오일 1큰술

10분 정도 푹 쪄서 파를 흐물흐물하게
만들어도 맛있어요.

재료 2인분

대파 1개

둥글게 썬 레몬 1장

올리브오일 1큰술

소금 1/2작은술

후추 적당량

재료를 그림처럼 오븐용 시트에 늘어놓고 싸서 가볍게 두
세 번 흔든 후, 아래 안내대로 가열한다.

• 레몬 대신 레몬즙 1작은술을 뿌려도 된다.

• 프라이팬 대신 전자레인지에서 3분 정도 가열해 만들 수도 있다.

 **프라이팬** 강한 중불 **물** 200㎖ **5분** 뚜껑을 덮고 **채소 반찬**

ÉTUVÉE DE LÉGUMES PRINTANIERS
봄 채소 에튀베

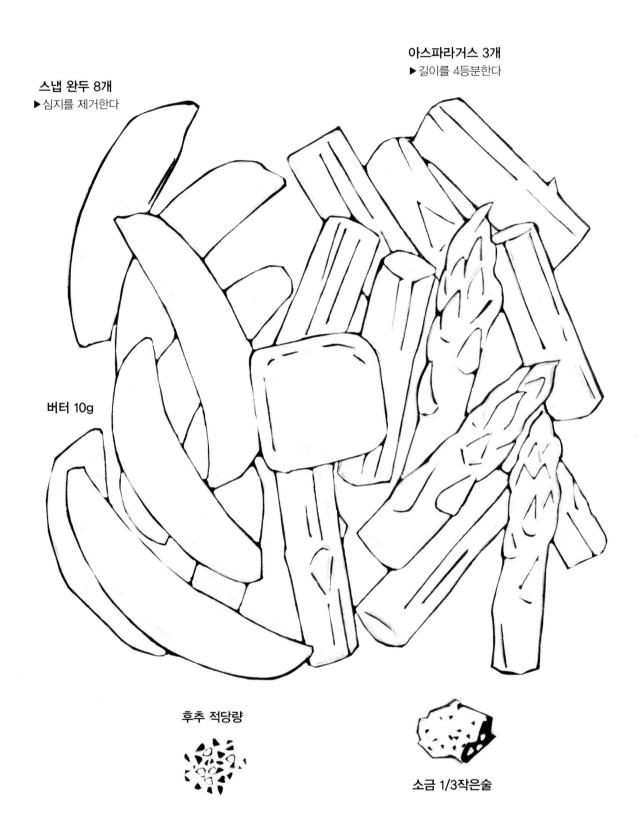

아스파라거스 3개
▶ 길이를 4등분한다

스냅 완두 8개
▶ 심지를 제거한다

버터 10g

후추 적당량

소금 1/3작은술

봄 채소는 익히면 더욱 선명한 녹색이 됩니다.

재료 2인분

아스파라거스 3개

스냅 완두 8개

버터 10g

소금 1/3작은술

후추 적당량

재료를 그림처럼 오븐용 시트에 늘어놓고 싸서 가볍게 두 세 번 흔든 후, 아래 안내대로 가열한다.

• 브로콜리, 완두콩, 콜리플라워, 누에콩 등을 넣어도 맛있다.

전자레인지 600W (내열 접시 사용) **3분** **채소 반찬**

ÉTUVÉE DE CHOUX CHINOIS
배추 에튀베

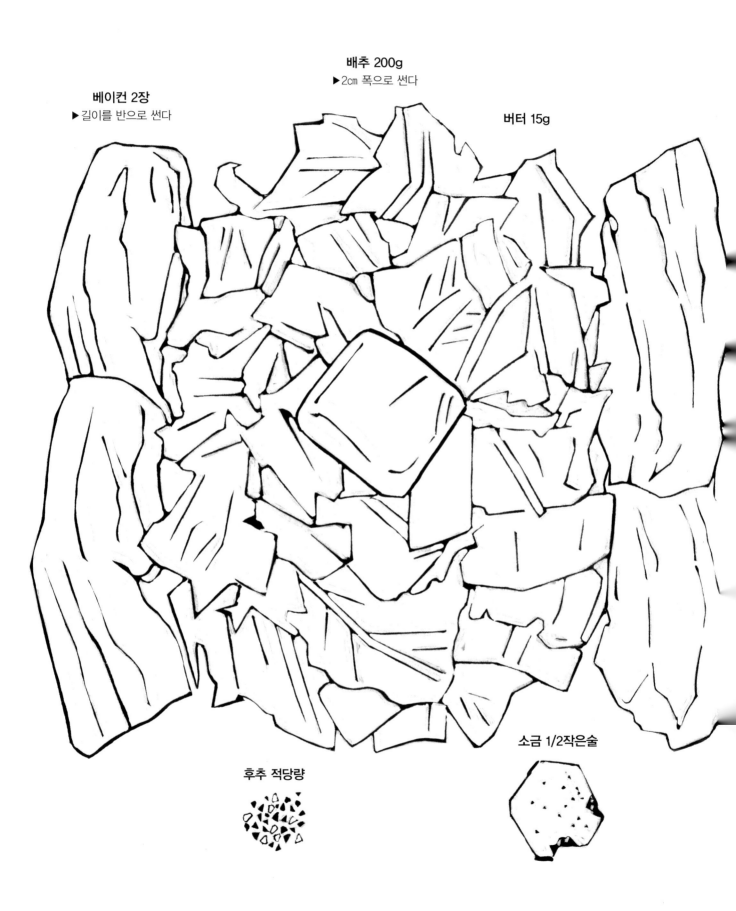

베이컨 2장
▶ 길이를 반으로 썬다

배추 200g
▶ 2cm 폭으로 썬다

버터 15g

후추 적당량

소금 1/2작은술

곁들이 반찬이 필요할 때 손쉽게 만들 수 있어요.

재료 2인분
배추 200g
버터 15g
베이컨 2장
소금 1/2작은술
후추 적당량

재료를 그림처럼 오븐용 시트에 늘어놓고 싸서 가볍게 두 세 번 흔든 후, 아래 안내대로 가열한다.

• 같은 양의 양배추로도 만들 수 있다. 특히 봄 양배추가 잘 어울린다. 배추처럼 똑같이 썰면 된다.

 **전자레인지 600W** (내열 접시 사용)   **4분**   **채소 반찬**

EDAMAMES AUX ÉPICES
스파이시 풋콩

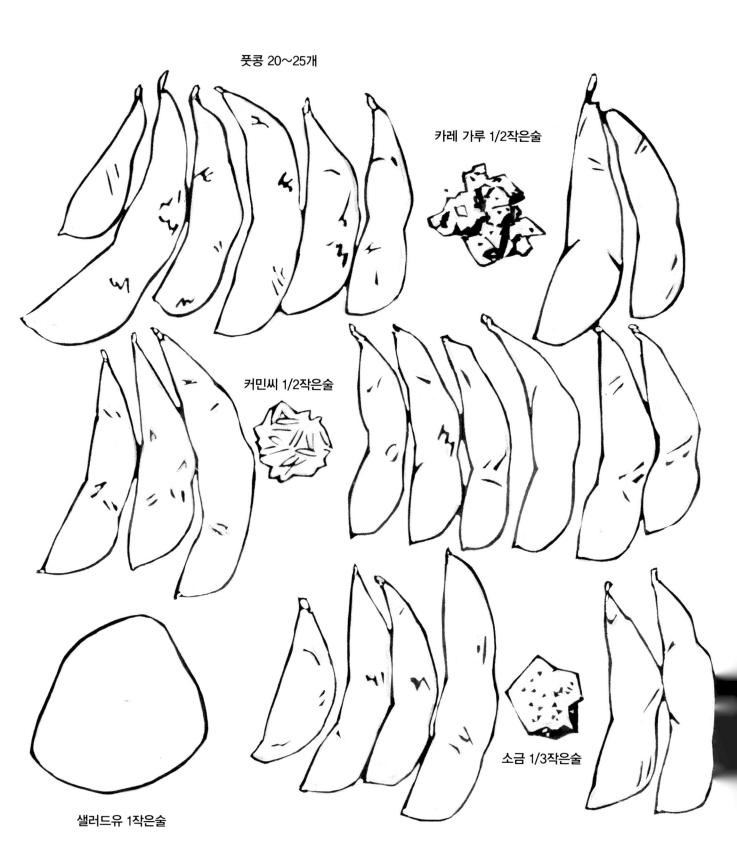

풋콩 20~25개

카레 가루 1/2작은술

커민씨 1/2작은술

소금 1/3작은술

샐러드유 1작은술

향이 풍부하고 안주로도 먹기 좋은 맛입니다.

재료 2인분

풋콩(냉동) 20~25개

카레 가루 1/2작은술

커민씨 1/2작은술

샐러드유 1작은술

소금 1/3작은술

재료를 그림처럼 오븐용 시트에 늘어놓고 싸서 가볍게 두세 번 흔든 후, 아래 안내대로 가열한다.

• 냉동 풋콩에 소금간이 되어 있는 경우 소금 1/3작은술은 필요 없다.
• 카레 가루와 커민씨는 다른 향신료나 드라이허브로 대체해도 된다.
• 오븐 대신 전자레인지에서 4분 정도 가열해 만들 수도 있다.

🔲 **오븐 210℃ 예열하기** ⏱ **8분** 🍴 **채소 반찬**

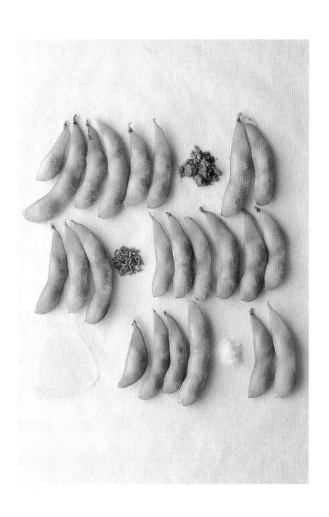

NAVETS POILÉS À L'HUILE, AIL ET PIMENTS
순무 알리오 올리오 페페론치노

중간 크기 순무 2개
▶ 껍질은 벗기지 않고 빗살 모양으로
6등분한다

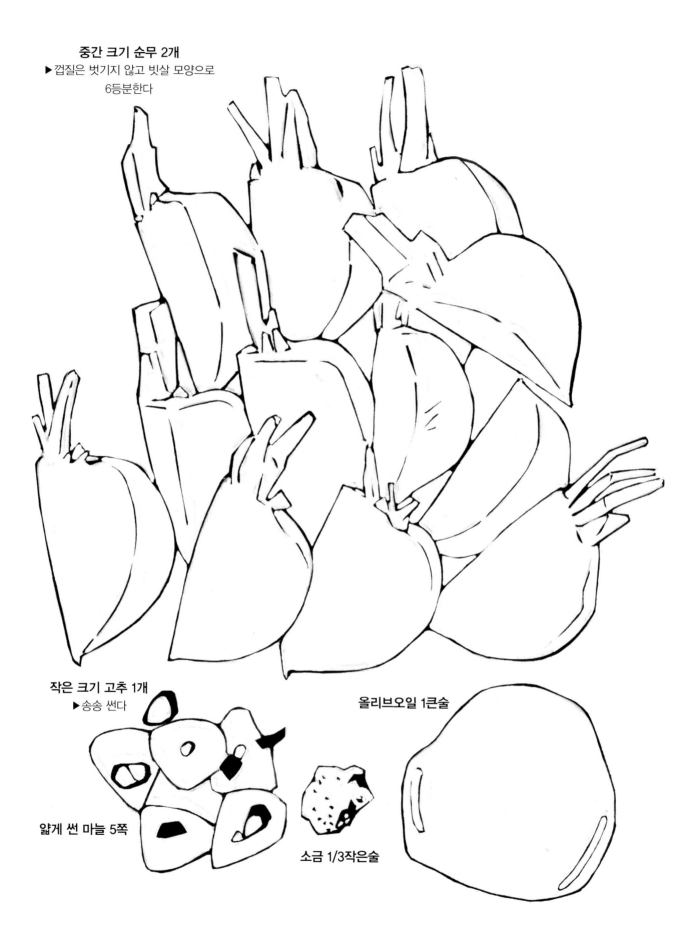

작은 크기 고추 1개
▶ 송송 썬다

올리브오일 1큰술

얇게 썬 마늘 5쪽

소금 1/3작은술

순무를 통째로 매콤하게 만들어 맛이 깊어요.

재료 1인분

중간 크기 순무 2개

얇게 썬 마늘 5쪽

작은 크기 고추 1개

올리브오일 1큰술

소금 1/3작은술

재료를 그림처럼 오븐용 시트에 늘어놓고 싸서 가볍게 두 세 번 흔든 후, 아래 안내대로 가열한다.

- 마나 연근으로도 맛있게 만들 수 있다.
- 오븐 대신 전자레인지에서 3분 정도 가열해 만들 수도 있다.

 오븐 210℃ 예열하기 15분 채소 반찬

POTIRON À L'INDIENNE
사브지풍 호박

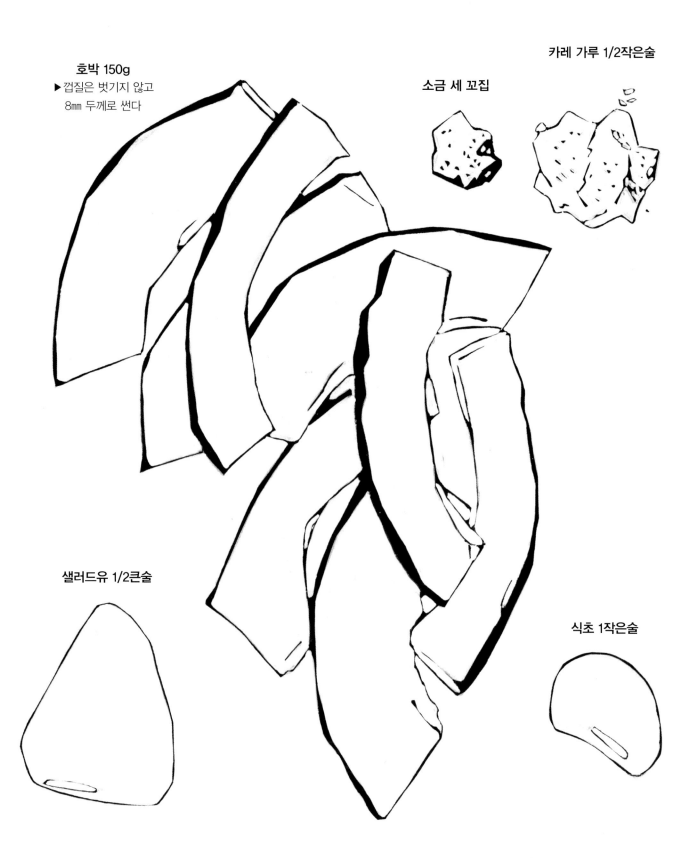

호박 150g
▶ 껍질은 벗기지 않고
8㎜ 두께로 썬다

소금 세 꼬집

카레 가루 1/2작은술

샐러드유 1/2큰술

식초 1작은술

향신료를 넣어 호박의 단맛이 더욱 도드라져요.

재료 2인분

호박 150g

카레 가루 1/2작은술

샐러드유 1/2큰술

식초 1작은술

소금 세 꼬집

재료를 그림처럼 오븐용 시트에 늘어놓고 싸서 가볍게 두 세 번 흔든 후, 아래 안내대로 가열한다.

• '사브지'는 인도 요리에서 매콤한 채소 찜을 말한다. 다양한 채소로 만들 수 있다.

 **전자레인지 600W** (내열 접시 사용) 3분 채소 반찬

BOK CHOY À LA VAPEUR
청경채 가리비 관자 찜

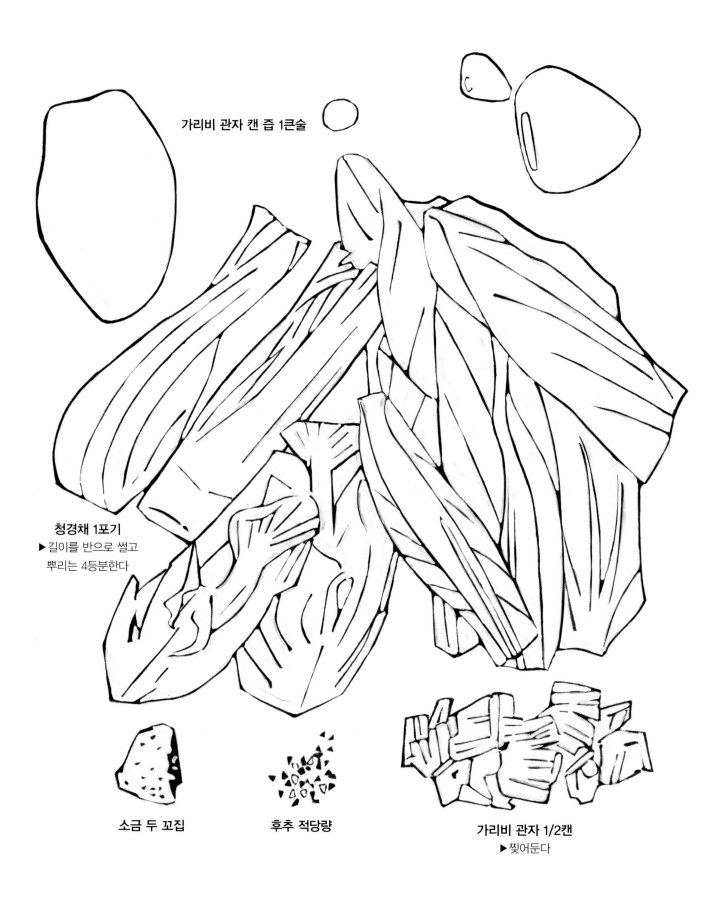

가리비 관자 캔 즙 1큰술

청경채 1포기
▶ 길이를 반으로 썰고
  뿌리는 4등분한다

소금 두 꼬집

후추 적당량

가리비 관자 1/2캔
▶ 찢어둔다

소금과 후추만 넣어 간단하게 간해도
가리비의 감칠맛이 더해져 맛있어요.

재료 2인분

청경채 1포기

가리비 관자(캔) 1/2캔(25g)

가리비 관자 캔 즙 1큰술

소금 두 꼬집

후추 적당량

재료를 그림처럼 오븐용 시트에 늘어놓고 싸서 가볍게
두세 번 흔든 후, 아래 안내대로 가열한다.

• 마무리로 참기름이나 라유를 뿌려도 맛있다. 양은 원하는 만큼 뿌
린다.

 **전자레인지 600W** (내열 접시 사용) **3분** **채소 반찬**

CHAMPIGNONS POILÉS AU BEURRE ET PERSIL
버섯 파슬리 버터구이

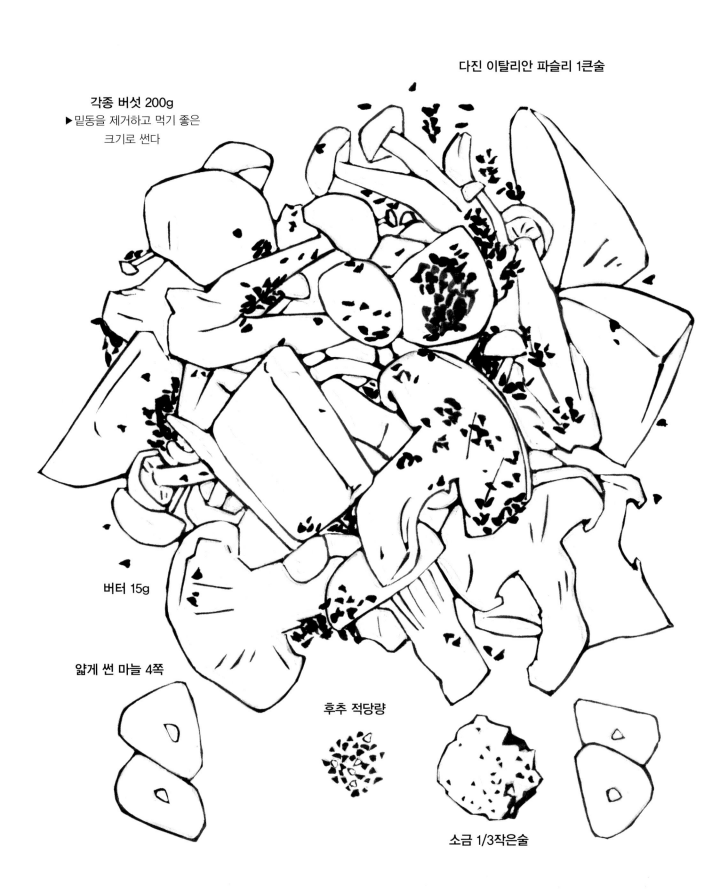

다진 이탈리안 파슬리 1큰술

각종 버섯 200g
▶ 밑동을 제거하고 먹기 좋은
크기로 썬다

버터 15g

얇게 썬 마늘 4쪽

후추 적당량

소금 1/3작은술

버섯이 있으면 쉽게 만들 수 있는 반찬입니다.

재료 2인분

각종 버섯(송이버섯, 표고버섯, 새송이버섯 등) 200g

버터 15g

얇게 썬 마늘 4쪽

다진 이탈리안 파슬리 1큰술

소금 1/3작은술

후추 적당량

재료를 그림처럼 오븐용 시트에 늘어놓고 싸서 가볍게 두 세 번 흔든 후, 아래 안내대로 가열한다.

• 다진 베이컨 1큰술을 올려 구우면 더욱 포만감 있는 요리가 완성된다.
• 오븐 대신 전자레인지에서 3분 정도 가열해 만들 수도 있다.

오븐 210℃ 예열하기 ⏱ **10분** 🍴 **채소 반찬**

NOUILLES À LA THAÏLANDAISE
에스닉풍 무침면

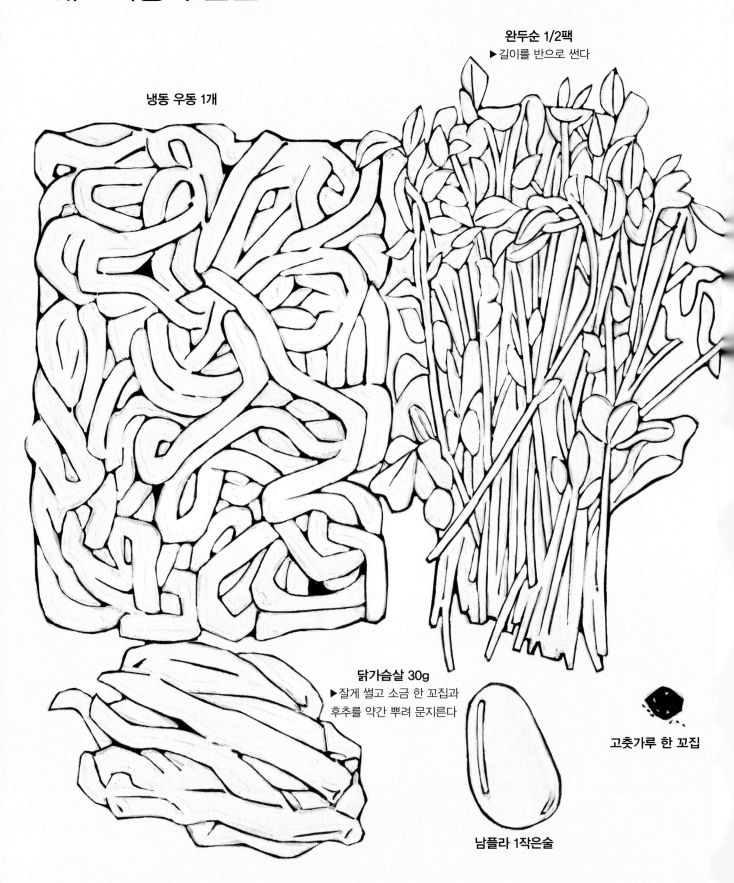

완두순 1/2팩
▶ 길이를 반으로 썬다

냉동 우동 1개

닭가슴살 30g
▶ 잘게 썰고 소금 한 꼬집과
후추를 약간 뿌려 문지른다

고춧가루 한 꼬집

남플라 1작은술

맛이 담백하고 살짝 매콤한 타이풍 우동입니다.

재료 1인분

냉동 우동 1개

완두순 1/2팩

닭가슴살 30g

남플라 1작은술

고춧가루 한 꼬집

빗살 모양으로 썬 레몬 1조각

레몬 이외의 재료를 그림처럼 오븐용 시트에 늘어놓고 싸서 가볍게 두세 번 흔든 후, 아래 안내대로 가열한다. 그릇에 담고 레몬을 짠다.

• 닭고기 대신 돼지고기, 완두순 대신 부추나 숙주나물을 넣어도 맛있다.

• 남플라 대신 같은 양의 간장으로 간을 맞추면 일본풍 요리가 된다. 바질소스를 넣으면 이탈리아풍으로 만들 수도 있다.

전자레인지 600W (내열 접시 사용)　⏱ 5분　🍴 면류

BANANE AU CARAMEL
캐러멜 바나나

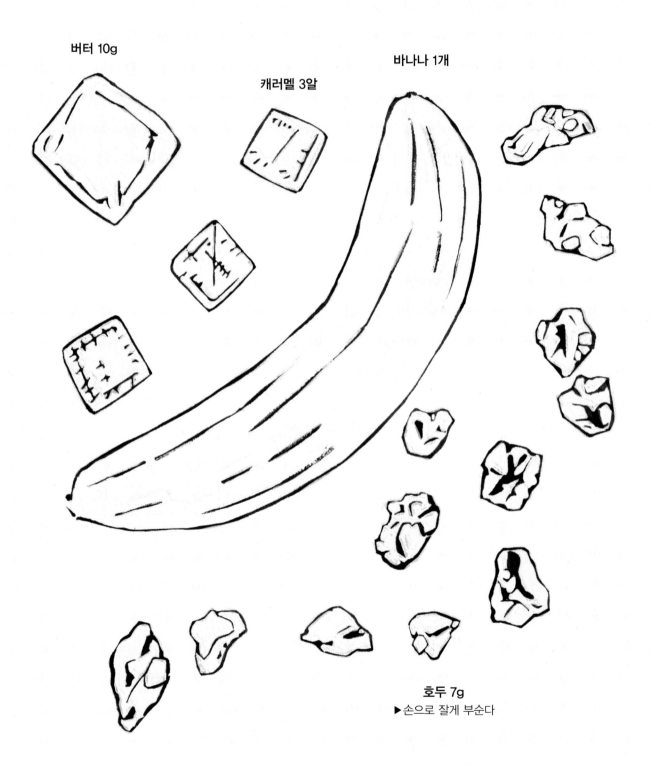

버터 10g

캐러멜 3알

바나나 1개

호두 7g
▶ 손으로 잘게 부순다

간식도 간단하게 만들 수 있어요.

재료 1인분

바나나 1개
캐러멜(시판) 3알
호두(볶은 것) 7g(2알)
버터 10g
바닐라 아이스크림 적당량

아이스크림 이외의 재료를 그림처럼 오븐용 시트에 늘어
놓고 싸서 가볍게 두세 번 흔든 후, 아래 안내대로 가열한
다. 그릇에 담고 아이스크림을 곁들인다.

• 바나나 대신 사과나 서양배를 넣어도 맛있다. 100g 정도를 한입 크
  기로 썬다.

🍳 **오븐 210℃ 예열하기** ⏱ **10분** 🍴 **디저트류**

KI신서 8185

늘어놓고 싸서 굽기만 하면 끝나는 레시피

1판 1쇄 인쇄 2019년 6월 25일
1판 1쇄 발행 2019년 7월 11일

지은이 우에다 준코
옮긴이 김경은
펴낸이 김영곤 박선영
펴낸곳 ㈜북이십일 21세기북스

출판사업본부장 정지은
실용출판팀장 김수연
책임편집 이보람 디자인 이성희
사진 김세명 요리 진행 김미성

마케팅2팀 배상현 김윤희 이현진
출판영업팀 한충희 김수현 최명열 윤승환
홍보기획팀 이혜연 최수아 박혜림 문소라 전효은 김선아 양다솔
해외기획팀 임세은 이윤경 장수연 제작팀 이영민 권경민

원서 스태프
調理アシスタント 大溝睦子
デザイン 塙美奈(ME&MIRACO)
イラスト シバタリョウ
撮影 三木麻奈(표4, P.6 제외)
スタイリング 曲田有子
校閲 泉敏子 山田久美子
フランス訳校閲 FABIEN LAURENT
編集 小田真一

출판등록 2000년 5월 6일 제406-2003-061호
주소 (10881) 경기도 파주시 회동길 201(문발동)
대표전화 031-955-2100 팩스 031-955-2151 이메일 book21@book21.co.kr

㈜북이십일 경계를 허무는 콘텐츠 리더

21세기북스 채널에서 도서 정보와 다양한 영상자료, 이벤트를 만나세요!
페이스북 facebook.com/jiinpill21 포스트 post.naver.com/21c_editors
인스타그램 instagram.com/jiinpill21 홈페이지 www.book21.com
유튜브 www.youtube.com/book21pub
서울대 가지 않아도 들을 수 있는 명강의! 〈서가명강〉
네이버 오디오클립, 팟빵, 팟캐스트에서 '서가명강'을 검색해보세요!

ⓒ 우에디 준코, 2018
ISBN 978-89-509-8142-6 14590